未来科学家培养计划
科学启蒙·探索·研究系列

－NEW物理探索 走近力声光电磁－

力所能及

主 编 关大勇 吴於人

编 写 邹 洁 姚黄涛 黄晓栋 单 琨 来宇航 潘梦萍

徐小林 张 悦 李天发 高俊杰 江俊杰 严朝俊

沈旭晖 夏保密 赵 丹 张增海 邹丽萍

◆ 在潜移默化中接受科学研究基本训练

◆ 在不知不觉中学习鲜活的物理知识点

◆ 在战胜实验挫折中体验科学研究乐趣

◆ 在质疑探索、合作交流中感悟科学精神

復旦大學 出版社

序言
Foreword 1

物理学是最重要的基础科学，它不仅让人们认识"万物之理"，而且让人们学会认识事物的思维方法，这是一切物质科学的基元科学。离开了物理学，就没有电子信息技术、没有光学工程技术、没有材料工程技术、没有机器制造技术等。用一句话来说，没有物理学就没有现代工业技术，也没有现代社会。物理学要从小就学起来。

我手中看到的是一套物理教育书稿：有4册《NEW 物理启蒙 我们的看听触感》为小学生而写，旨在让孩子们通过自己的感官，实践科学探索；另有4册《NEW 物理探索 走近力声光电磁》为中学生而写，希望中学生在正式学习物理课程之前感受物理的魅力、养成研究的习惯。

这是一套有特色的书。不少物理知识的学习是从玩具和新奇现象切入，引发孩子们的兴趣，然后引导孩子通过科学探索，寻找规律，玩出花样，玩出感悟。书中的很多有趣现象对于小学生、中学生和大学生，都可以发掘到适合自己的研究课题。根据学生的年龄特点，这套书中设计了不少有效激励的游戏和竞赛；鼓励挑战权威，敢于质疑；内容传承经典，又与前沿交融；研究中和研究后均注意鼓励文字记录和表述，以及语言的相互交流。

看到书中有趣的物理玩具，不禁使我想起自己的少年时代。我曾是一个喜欢物理的学生，喜欢做实验，喜欢捣鼓自己的创意小制作。兴趣真是好老师！

当今科学技术日新月异，教育技术也随之改变。在上海这样的大城市，传感器数据采集实验系统、电子书包、微课程平台，以及 VR 和 AR 等现代技术的影子相继在学校出现。科学技术的提升，家庭生活的改善，使孩子们玩电子产品驾轻就熟。显然，一方面是"天高任鸟飞，海阔凭鱼跃"，国家教育的投入越来越多，孩子们的学习环境越来越好；另一方面是"机器人抢饭碗""未来的竞争更为残酷"，这样的说法让家长们人心惶惶。所以，未来社会非常需要的研究型人才、创新型人才、工匠型人才，如何才能有效地进行培育？教师和家长又该如何进行引导、言传身教？课堂教育和课外活动如何给予学生高尚理念、家国情怀？学校和社会如何给予青少年更多发展空间，更好地培养他们未来展翅飞翔的潜能？这才是最重要的。

不久前，FAST 这个我国自行研制的世界最大单口径（500 米）射电望远镜，在调试阶段已探测到数十个脉冲星候选体；"墨子号"在国际上率先实现千公里级量子纠缠分发；中国的北斗星导航系统已是我国国防不可或缺的坚固保障，同时也撑起了一片创新生态。据报道，谷歌的 AI 子公司 DeepMind 研发的 AlphaGo Zero 可以自学，经过 3 天的自我对局，Zero 变得足够强大，可以一举击败原来版本的 AlphaGo。一项项改变未来、改变我们生活的现代技术让我们享用，让我们大开眼界。应该明白,这些技术的发展依赖科学理论的支撑和科学的研究方法,依托有不断学习精神和学习能力的人的发明创造。

这套书的作者希冀借助物理研究方法的启蒙,培育青少年的物理思维能力和发明创新潜能。物理可以视为自然科学的核心,视为新技术源源不断的源泉。物理图景探索、物理技术运用和物理研究方法已经渗透各行各业。所以,青少年学生和家长不要害怕物理,而是要尝试喜欢物理,并积极主动学习物理。培养物理思维能力,会让你受益终身。

物理其实不难,非常生动有趣;物理世界的图景令人豁然开朗,可以在实际中运用。喜欢物理的同学,或是被物理的神趣和挑战所吸引,或是在物理学习中体验到成功和登高远眺的境界。这套书努力让读者感受物理,让读者亲近物理。希望孩子们有越来越多的机会沉浸在能够激发学习兴趣、激发探索潜能的学习环境中。这套书对教师们来说更是任重而道远,要努力探索,让学生掌握课程的知识点并熟练运用,培养学生热爱物理,激发学生终身学习的动力和培养学生终身学习的能力。

中国科学院院士

2017 年 10 月于上海

长期以来,同济大学的大学物理教师一直在探寻更为有效的物理育人方法。在课程设计中强化实践探索,努力为学生构建可引导自主研究的学习环境。五彩缤纷的物理演示实验、物理探索实验、物理仿真研究计算机系统,以及物理研究课题竞赛等软硬件系统建设,均对学生研究能力的提高起到了积极推动的作用,也取得了一系列教学成果。10年前,同济大学在上海市科委和上海市教委的支持下,成立了上海市青少年科技人才培养基地——同济大学物理实践工作站,将注重实践的理念运用于青少年科学素养培育中,将物理的有趣和神奇、物理的无所不在和推动社会发展的力量展现在大家面前,激励了许许多多的青少年。

现在,曾经的同济大学物理实践工作站创建人——一位热心的退休物理教师和当时工作站的副手——一位同济毕业的物理博士将此教育理念继续发扬,创建了"未来科学家培养计划"系列课程,研发着"科学启蒙·探索·研究"系列教材,在此对即将出版的这套丛书表示祝贺。

物理学是人类文明和社会发展的基石,它所展现的世界观和方法论,深刻地影响着人们对物质世界的基本认识、人们的思维方式和社会生活。物理学的学习,对于人们树立科学的世界观、增强分析和解决问题的能力、培养探索精神和创新意识等,具有不可替代的作用。同时,物理学发展至今所创建的科学体系又是如此的优美,它所体现的系统性、对称性和多样性等使之精彩纷呈、奥妙无穷,激励着无数有志青少年孜孜学习和探索。

如果将物理学习的过程比作攀登智慧的高峰,则从概念到概念、从公式到公式的传统教学方法,往往会将学生引入一条乏味的登山之路,使学生难以体会攀登的乐趣,产生厌倦和难学的错觉。如果我们稍微关注一下物理学的发展历程,就不难发现物理学是一门起源于实践和探索的科学,物理学家对自然规律的认识过程是一个不断探索、发现、总结、质疑、试错、再探索的过程,并由此获得新知识、掌握新方法、成就新未来。这一过程尽管充满困难和挑战,但每一个新的困难和挑战均意味着又一段新的精彩旅程,可谓风景这边独好。

玩具中有物理,乐器中有物理,生活中有物理。有的现象有趣,有的现象很炫,有的现象神奇。这套丛书就是让同学们感受物理探索和研究的乐趣,并通过与学习同伴的合作和竞争,体验物理魅力,提高物理素养,感悟科学人生,成就未来发展。

教育部高等学校大学物理课程教学指导委员会主任

顾牡

2017 年 10 月于同济大学

　　"NEW物理探索　走近力声光电磁"是一套中学生朋友一定会喜欢的物理科学探索丛书。作为一套适用于科学拓展课、兴趣课和探索课的教材,书中的很多研究是开放性的,是充满挑战的。上海市教育评估协会对这套教材所对应的课程组织了评估,肯定了课程设计和建设的科学性和先进性。引入该课程的学校逐年增多,课程在学生中大受欢迎。

　　基于神奇的物理现象及其应用,丛书中反映的课程吸引学生步步深入,情不自禁地在潜移默化中接受科学研究的基本训练,在探索有趣的未知中学习物理知识,在不断克服困难、战胜挫折中体验研究的乐趣,在认真体会科学家的研究精神中感悟做人的道理。

　　丛书主编长期从事青少年科学素质教育及创新意识启迪的研究工作,并有丰富的教学实践经验,因而书中处处彰显引导的魅力,一步步引领着学生深入地探索科学。学生读书的过程就是科学研究的过程,就是在科学家的道路上跋涉成长的过程。

　　很多家长生怕孩子学不好物理,哪怕是中学在八年级才开始学习物理,家长们还是在孩子六年级时便把他们送进各类物理补习班、提前学习物理。如果这类提前学习是基于应试教育的,对孩子自身学习兴趣的培养及学习习惯的养成就会有很大的副作用。而我们的这套教材则不同,着重于激发学习兴趣,教授学习方法,引导学生自己通过实验总结科学规律。丛书涉及的物理知识与中学物理教科书中的内容不完全相同,教学过程则完全不同。学生在将来学习中学物理时,不会因为学过而对物理学习失去兴趣,而且还会自觉利用本课程的学习思路去分析问题,这将有利于透彻理解和正确应用物理知识。

　　丛书共有4个分册,分别是《力所能及》《闻声起舞》《光影绚妙》和《电磁之交》。我们建议从初中预备班开始,将丛书作为相关创新实验室的拓展教材或者科学类选修课教材,高中生甚至相当优秀的高中生也值得将研究丛书内容作为自己研究物理、尝试STEM研究模式的学习过程。也就是说,学生从初中到高中,这套丛书可以源源不断、步步深入地给予学生启迪。

　　如果学校没有开设这类课程,对孩子有信心的家长和敢于挑战的同学,也可以和这套丛书"做朋友",自学自研书中有趣的物理内容。丛书主编也十分希望能通过网络、移动通讯、各种活动等机会和大家做朋友,一起探讨科学问题。

　　丛书由智勇教育培训有限公司"未来科学家培养计划　科学启蒙·探索·研究系列"编写团队和上海师范大学物理课程与教学论、学科教育(物理)专业的研究生共同编写,参加编写的有邹洁、姚黄涛、黄晓栋、单琨、来宇航、潘梦萍、徐小林、张悦、李天发、高俊杰、江俊杰、严朝俊、沈旭晖、夏保密、赵丹、张增海、邹丽萍。书中没有注明出处的图片大部分源自智勇教育、教师同行、亲友和历届学生们的提供,部分为CC0协议和VRF协议共享版权图,马兴村先生为丛书作了手绘图。在此向各位合作者一并表示衷心感谢!

编　者

2017年5月

目录
Contents

我们在形容人的努力和能干时,往往会运用些像尽心尽力、年富力强、力能扛鼎、力挽狂澜这样的词语,这些词语中都包含一个"力"字。在生活和工作中,人如果不出力,就做不好事情。在物理学中,力的作用也绝对不可忽视。物理学中的力表示的是物体之间的相互作用,物体 A 对物体 B 的作用力越大,表示物体 B 受物体 A 的影响也就越大。

告诉同学们一个秘密,自然界有千千万万种力,这些力中有我们知道的,也有我们现在还未听说过的,但是在物理学家眼里,力就只有 4 类! 科学家们找寻自然界中力学现象背后的机理和异同,通过对它们进行分类做进一步研究。

那么,力可以分为哪 4 类呢? 我们先来思考下面的一些问题,看看是否能感受到力和力之间的差别。

思考讨论

(1) 观察图 0-1(a),为什么桌子上的回形针离磁铁还有一段距离时,回形针就会被吸上磁铁?

(2) 想一想图 0-1(b)中是什么力让小姑娘的头发竖起来?

回形针和头发受到的力都属于_____力。

(3) 在图 0-1(c)中,无论地球如何自转和公转,我们都能站在地球上而不掉入太空,这是因为我们和地球之间存在_____力。

(4) 我们知道物质是由分子组成的,分子是由原子组成的,原子是由原子核和电子组成的,如图 0-1(d)的原子核结构示意图所示,原子核内有不带电的中子和带正电的质子。带正电的质子集中在原子核内,你觉得奇怪吗? 你是不是觉得原子

核内还存在另外一种力? 如果没有这种力,你我都不会存在。这种力叫＿＿＿＿＿＿＿＿＿＿
＿＿＿＿＿＿＿＿＿＿。

图 0-1　力

生活中到底有多少种力? 同学们应该可以说出很多。但是对于千千万万、不计其数的力,科学家经过研究,把它们归纳为 4 类,这就是强相互作用(strong interaction)、电磁相互作用(electromagnetic interaction)、弱相互作用(weak interaction)和引力相互作用(gravitational interaction)。

关于引力相互作用和电磁相互作用,我们的书中会涉及。而强相互作用和弱相互作用,由于涉及微观物理,要到大学的物理课才学。

我们在给同学们讲到这里时,总有同学会觉得不过瘾。这 4 种相互作用太神奇了,总还想知道一些,那我们就给同学们看一看大学物理课上的一张关于 4 种相互作用基本特性的对比表(表 0-1)。

表 0-1　自然界 4 种相互作用基本特性对比

作用名称	强相互作用	电磁相互作用	弱相互作用	引力作用
相对强度	1	10^{-2}	10^{-14}	10^{-39}
力程/m	短程,10^{-15}	长程	短程,10^{-17}	长程
特征时间/s	10^{-23}	$10^{-20} \sim 10^{-16}$	10^{-10}	未知
媒介子	胶子 $g_1 \sim g_8$	光子 γ	中间玻色子 $W^{\pm}$, Z^0	引力子(预言)
作用对象	夸克、胶子、重子	带电粒子	强子、轻子	一切物体

从表 0-1 中可以看到,自然界是如此神奇,还有很多未知在等我们破解。

思考讨论

同学们似乎很难相信,一共就只有这4种相互作用力吗? 那么,平时生活中手拉手、脚踏地、笔尖磨纸、鼓嘴吹气(图0-2),这些属于4种相互作用中的哪一种呢?

(a) (b) (c)

图0-2 力的相互作用

生活中的常见力除了万有引力之外,余下的摩擦力(friction force)、弹力(Elastic force)、拉力(pulling force)、大气压力(atmospheric pressure)等,都属于电磁力的各种宏观表现。

我们学习物理学中的力学,主要是研究生活中常见的力作用在物体上,物体的运动和形变的规律。

思考讨论

(1) 举例说明生活中有哪些力。

(2) 在初中物理中,还有两个关于力的概念,即"性质力"和"效果力"。请解释这两个名称的含义。对于摩擦力、弹力、拉力、大气压力、万有引力、重力(gravity),其中哪些属于性质力? 哪些属于效果力?

第1章

不倒翁肚子里的秘密

图 1-1 汉代的不倒翁

不倒翁是一款大家都喜爱的玩具,大部分同学可能都接触过。它的起源非常早,甚至可以追溯到东汉时期(图1-1)[1]。不倒翁有一个稳定的平衡状态,不管你怎么推,它总是可以在摇晃一阵后恢复平衡。

不倒翁看上去如此简单,估计每位同学都能说出一套不倒翁不倒的理由,我们还有必要在物理课上专门研究它吗?

§1.1 不倒翁没那么简单

随着现代科技的融入,现在的不倒翁变得让人眼花缭乱,如儿童玩的大型充气不倒翁(图1-2)、不倒翁牙刷座和笔座(图1-3)、不倒翁落地灯(图1-4)[2]等。图1-5所示的是一款由伦敦一名大学生发明的不倒翁概念手机,这款手机有这样的神奇之处:"这款不倒

图 1-2 充气不倒翁

图 1-3 不倒牙刷座、笔座

---

① 来源:西安晚报,http://cathay.ce.cn/pieces/200909/14/t20090914_20009303.shtml。
② 来源:极客社区,http://geek.techweb.com.cn/forum.php。

图1-4　不倒落地灯

图1-5　不倒翁手机

翁手机在机身底部装有电磁体,当来电话或闹铃响起时,电磁起作用改变了手机的重心,手机会自动站立起来提示您接听电话或者查看闹钟,如果将其推到,各种提示都会停止"[1]。同学们可以想象手机的重心是如何被控制的? 是不是也想做一个属于你自己的不倒翁呢?

同学们,你们是不是对研究不倒翁不屑一顾? 觉得它无非就是——

上轻下重桌上站,底面只要圆光光,
让它倒下它不干,简单简单太简单!

思考讨论

不倒翁简单还是不简单? 说出你的理由。

图1-6　比一比谁的不倒翁回复快

请各位同学按下面的要求制作一个不倒翁,再思考相关问题,体会不倒翁是不是真的那么简单。你看,图1-6的两位同学正在研究什么?

实验探索 ▶▶

不倒翁不简单

实验器材

统一不倒翁外壳,各种填充物(如橡皮泥、纸、胶带、钢珠、塑料珠等),天平,秒表。

---

[1] 摘自"中国经济网"《诺基亚能否创新"不倒翁"手机不会上市》一文。

实验步骤

（1）努力做一个最轻的不倒翁，和同学进行交流、评比。

（2）努力做一个回复到平衡不动状态最快的不倒翁，和同学进行交流、评比。

（3）分析如何才能做出"最轻不倒翁"和"回复最快不倒翁"。

（4）努力做一个有创意的不倒翁。

实验结论

（提示：实验总结如果有若干条，应该和实验步骤一样，有条理地用（1）（2）（3）等序号分开。）

_____

_____

_____

同学们有什么感觉？你的研究结论有没有受到其他同学挑战？研究之后你是不是觉得不倒翁也不是那么简单了？！是啊，看似简单的事物背后还存在很多值得研究的课题。接下来我们将深入研究不倒翁和它背后的物理知识。

§1.2 物体在什么情况下会倒下

要深入研究不倒翁，首先要研究物体在什么情况下才会倒下。

1.2.1　重力　重量　质量

同学们一定都知道，物体倒下是因为竖直向下的重力的作用，因此有必要先了解重

图 1-7　"我提的大米 98 牛"

力。地球上物体受到的重力是地球和物体之间的万有引力（universal gravitation）所引起的[①]。

力的单位用牛顿（简称为"牛"）来表示，符号为 N。所以重力的单位就是牛顿。重力用符号 G 表示。大家知道重力的方向是竖直向下的。

日常生活中用重量来度量物体的质量（mass），所以，你会经常听到"给我称 1 公斤肉"或"买 1.5 千克橘子"这样的表述，但是你恐怕没有听人说过"我提的大米 98 牛"（图 1-7）吧？如果你跟售货员说，"给我称 5 牛青

---

① 这里并没有说"重力就等于万有引力"，这是为什么？这个问题有点难，学有余力的同学如有兴趣，可以和老师进行讨论。

菜",一定会让人感到诧异。我们在买东西时没有使用牛顿为单位,而是用公斤或千克表示。这是为什么呢?

原来公斤和千克都是衡量物体质量的单位,千克是质量的国际单位。这里所说的质量不是工作质量、学习质量等表示优劣程度的质量,物理上的质量指的是物体所含物质的量,而不是物体在地球上受到的重力。

可是物体质量的单位为什么要说成"物体有多重"呢?这是因为质量大的物体重量也大,质量和重量成正比。平时用电子秤称出的是物体所受的重力,为了方便转换为质量显示。重力的单位是牛顿,秤上显示的是质量的单位(千克)。

那么,新的问题出现了,1千克质量的物体所受的重力是多少牛呢?1千克质量的物体所受的重力大约是9.8牛。"大约是9.8牛"?为什么是"大约"呢?它的精确值是多少?答案是精确值在世界各地都不同!

思考讨论

(1) 为什么1千克质量的物体所受的重力,其精确值在世界各地都不同呢?

(2) 寒假小勇去北京姥姥家住了一段时间,天天都吃的是美味佳肴。回上海前,小勇称了一下自己的体重,体重增加了不少。表哥说,"别烦恼,回到上海后你就没那么重了。"听了表哥的话,小勇还会烦恼吗?为什么?

(3) 把一个物体放到不同的星球上,它的重力将会发生惊人的变化(图1-8)。例如,把物体放到月球上,它的重力仅是在地球上重力的六分之一;把该物体放到太阳上(不过在太阳的高温下,它一定不再是地球上的样子了),它的重力竟是在地球上重力的28倍之多。所以,如果将来你成为一名宇航员,若你在地球上测量的重力是600牛,那么你在月球上测量的重力就变成100牛,在太阳上的重力竟有16 800牛(这里只是说一说,其实在太阳上无法测量)。你能根据前面所学的内容解释一下,为什么会产生这样的现象?在不同星球上重力改变的原因是什么?

海王星上11.8千克
天王星上11.7千克

木星上26.4千克
土星上11.5千克
金星上8.8千克
火星上3.8千克
水星上3.7千克
月球上1.7千克
地球上10千克

图1-8 重力的变化

1.2.2 失重

如果没有重力,竖直的物体就不会倒下了吧?这个问题有不合理之处吗?在没有重力的世界里,还有所谓的"竖直"和"倒下"的概念吗?

同学们一定知道"神舟 11 号"载人飞船上天后,宇航员景海鹏和陈冬在飞船里生活了近 30 天,那 30 天的失重状态(图 1-9)我们看上去很好玩,宇航员可不舒服,他们无论干什么都十分不方便。

图 1-9　宇航员在太空舱里漂浮[①]

图 1-10　英国物理学家艾萨克·牛顿(1643—1727)

伟大的物理学家牛顿(图 1-10)发现了万有引力定律(Law of Universal Gravitation),这是 17 世纪自然科学最伟大的成果之一。我们可以在地球上脚踏实地,行走如飞,就是因为我们和地球之间的万有引力。万有引力定律把地面上物体的运动规律与天体运动规律统一起来,对物理学和天文学的发展具有深远的影响,在人类认识自然的道路上树立了一座里程碑。

万有引力的大小,是与相互作用物体的质量和物体之间的距离相关的;

两个物体的距离不变时,其中一个物体的质量越大,它对另一个质量一定的物体的万有引力越大;

两个物体质量一定时,两个物体间的距离越远,它们之间的万有引力越小。

万有引力与距离有关,所以当飞船在太空中距离所有的星球都很远时,飞船所受的万有引力接近零,飞船上的人会有失重的感觉。

目前,太空旅游已不再是处于梦想阶段,2001 年第 1 位太空游客已经进入国际空间站观光、体验太空生活,这标志着普通人也能像宇航员一样遨游星际。接近于零重力的体验也已经在地球上出现。图 1-11 为霍金一次体验零重

图 1-11　霍金体验失重[②]

[①] 来源:新华网,http://news.cqnews.net/ntml/2016-10/20/content_39063856.htm。

[②] 新华社 2007 年 4 月 28 日报道:英国著名物理学家、65 岁的斯蒂芬·霍金在 4 月 26 日完成凤愿,成为世界首位体验零重力飞行的残障人士。"太空,我来了!"霍金结束 2 小时"失重之旅"后如此感慨。

力的照片。这次飞行由美国"零重力"公司操作完成,改装后的喷气飞机"重力一号"飞至大西洋上空约 9 800 米后,开始抛物线式俯冲,降至 7 300 米,期间乘客可经历长达 25 秒的失重体验。

没有机会经历 25 秒失重体验的同学不要遗憾,相信很多同学在小时候都被爸爸抛起来过,也曾经历过跳高(图 1–12),甚至可能玩过大型游艺"跳楼机"或蹦极。因而严格地说,失重的经历每个人都有。同学们也可以闭上眼睛回忆一下坐电梯时在电梯上升或下落那一瞬间的感觉,那是一种轻微的超重或失重的感觉。如果感觉不明显,建议你带着体重秤和摄像机走进电梯做个实验。

图 1–12 跳起落下,咱失重了

实验探索 ▶▶

研究电梯中的失重

实验目的

(1)实验研究电梯在向上和向下运动的过程中,分别经历了哪些向上加速和向下加速的过程;

(2)实验研究电梯在向上加速和向下加速的过程中,分别会产生失重还是超重的效应;

(3)研究哪些实验和重力有关,从而在电梯中可以看到平时看不到的现象。

实验器材

体重秤,摄像机,＿＿＿＿＿＿＿＿＿＿＿＿＿＿＿＿＿＿＿＿＿＿＿＿＿。

实验步骤(根据研究目的自己设计方案,并写出实验步骤。)

＿＿＿＿＿＿＿＿＿＿＿＿＿＿＿＿＿＿＿＿＿＿＿＿＿＿＿＿＿＿＿

＿＿＿＿＿＿＿＿＿＿＿＿＿＿＿＿＿＿＿＿＿＿＿＿＿＿＿＿＿＿＿

＿＿＿＿＿＿＿＿＿＿＿＿＿＿＿＿＿＿＿＿＿＿＿＿＿＿＿＿＿＿＿

实验结论

＿＿＿＿＿＿＿＿＿＿＿＿＿＿＿＿＿＿＿＿＿＿＿＿＿＿＿＿＿＿＿

＿＿＿＿＿＿＿＿＿＿＿＿＿＿＿＿＿＿＿＿＿＿＿＿＿＿＿＿＿＿＿

思考讨论

　　同学们是不是觉得电梯里的实验探索挺有意思的？但是我们利用公共场所的设备进行实验毕竟有许多不便，大家动动脑筋，讨论一下，有没有可能自己设计一个模拟环境，可以进行超重和失重的实验探索？

实验探索 ▶▶

下落的塑料瓶

实验器材

塑料瓶，针，水。

实验步骤

（1）先在塑料瓶内灌满水，旋紧瓶盖，将装满水的瓶子放置在桌面上。在瓶子侧面钻一个小洞，观察水会有什么变化：

_____

（2）轻轻地旋松瓶盖，不要挤压瓶子，也不要打开瓶盖，让空气稍稍进入瓶内，观察水是否会从侧壁流出：

_____

（3）瓶子和水一起自由下落，观察下落中的水是否会从侧壁流出：

_____

实验结论

_____

_____

　　同学们做完上面的实验之后，是不是感觉很神奇？你们能举出生活中与此相似的例子吗？它们有什么共同之处？

_____

_____

_____

　　通过前面的学习，同学们是不是大概了解了关于重力的影响因素，也知道了重力的方向？一个小球可不可能抗拒重力作用而自动向上跑呢？我们带着这个问题来探索下面的实验。

实验探索 ▶▶

向"上"滚的小球

实验器材

器材底座及小球(图1-13)。

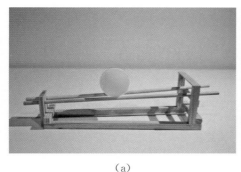 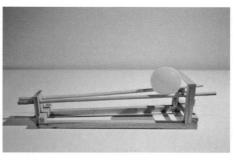

（a）　　　　　　　　　　　（b）

图 1-13　向"上"滚的小球

实验步骤

（1）将小球置于导轨的最高端,松开手之后,小球并不下滚。

（2）两手握住套件杆子的上端,反复水平移动,随着杆子的打开与合拢,小球会出现"向上"滚落或"向下"滚动的现象。

（3）重复第2步操作,仔细观察自己的操作方法与小球向"上"滚的情况：

_____

回答问题：这个"上"为什么要加引号？怎么样做才能让小球向"上"滚？除了小球,还有什么物体能向"上"滚？

_____

_____

_____

"小球为什么会向上滚"这个现象是不是反重力,这样的问题想必已经难不倒同学们了。

重力,我们无时无刻不在体验着它,经过上面的学习我们又进一步了解了它,但是你能够再深入研究它,并利用它了吗？

§1.3 物体不倒的奥秘

通过§1.2节的学习,同学们已经学习了很多重力的知识,知道了物体为什么会倒下,但是怎样才能让物体不会倒下呢? 研究这个问题,首先要学习重心(center of gravity)和平衡(balance)这两个概念。我们先来做个实验。

实验探索 ▶▶

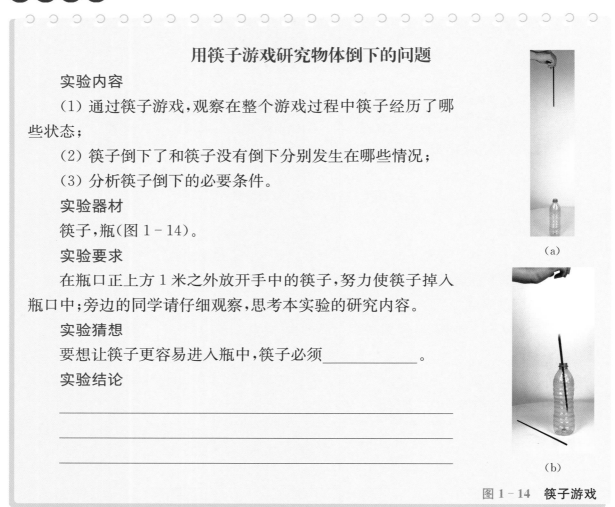

用筷子游戏研究物体倒下的问题

实验内容

(1) 通过筷子游戏,观察在整个游戏过程中筷子经历了哪些状态;

(2) 筷子倒下了和筷子没有倒下分别发生在哪些情况;

(3) 分析筷子倒下的必要条件。

实验器材

筷子,瓶(图1-14)。

实验要求

在瓶口正上方1米之外放开手中的筷子,努力使筷子掉入瓶口中;旁边的同学请仔细观察,思考本实验的研究内容。

实验猜想

要想让筷子更容易进入瓶中,筷子必须_____。

实验结论

_____

_____

_____

(a)

(b)

图1-14 筷子游戏

做了这个实验,如果你对研究的问题还不够清楚,不妨先来研究一下重心的问题。

1.3.1 重心

一个物体所受的重力,是这个物体的每一小部分所受的重力的合力。这个合力的作用点就是重心。当然,这个合力的方向就是重力的方向,是竖直向下的。如图1-15所示,假设物体重心在红点,如果在物体边缘任何地方系一根线,提起线的另一端,悬挂在线下的物体静止时,这根线一定过物体的重心。因为其重力一定沿着线的方向向下,否则重力不可能与线的拉力相互平衡,使物体静止不动。

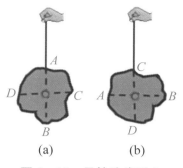

(a)　　　(b)

图 1 - 15　悬挂法找重心

悬挂法找重心(图 1-15)不难理解。在物体的 A 点系一根线,提起线的另一端,悬挂在线下的物体静止时,物体所受的重力沿着 AB 线向下。如果系在 A 点的线改为系在 C 点,这时物体受到的重力是否仍然竖直向下? 而这时物体所受的重力就是沿着 CD 线向下。显然,AB 线和 CD 线有一个交点,这个点就是重心。且无论物体如何转动,它所受到的重力都会通过这个重心。

还记得 §1.2 节的那个"反重力"的小球吗? 细心的同学是不是已经发现,在小球向"上"滚动的过程中,整个小球的重心位置相对于地面降低。

我们已经了解了重心,那么现在自己动手、找找重心。

实验探索 ▶▶

筷子可伸出桌边多远

实验器材

筷子,桌子。

实验步骤

(1) 把筷子放在桌边,使筷子和桌子的边线组成一个"十"字,放开手让筷子静止在桌上。

(2) 将筷子缓慢地向桌外推去,找出筷子静止在桌上的最大伸出量。在筷子上和桌边的交界处,画上个记号。

(3) 将筷子反向重复上述实验。你发现了什么?

_____

实验结论

筷子的重心在_____。

思考讨论

(1) 在找筷子重心的实验中,有没有什么新发现? 有没有其他更为简便的办法来找长条物体的重心?

(2) 均匀细棒的重心在＿＿＿＿＿＿＿＿＿＿＿＿＿。

(3) 长方形薄板的重心在＿＿＿＿＿＿＿＿＿＿＿＿。

(4) 平行四边形的重心在＿＿＿＿＿＿＿＿＿＿＿＿。

(5) 三角形薄板的重心在＿＿＿＿＿＿＿＿＿＿＿＿。

(6) 人体的重心怎么测？

(7) 所有物体的重心都在物体上吗？有没有落在物体外部的？能不能设计一个实验来证明你的观点？

通过前面的学习，我们既了解了重心，也学会了找重心，现在进入对平衡的探索。

1.3.2 平衡

我们都听说过"你走你的阳关道，我过我的独木桥"这句话。同学们走过独木桥（或平衡木）吗？没走过的同学可以想象一下，在过独木桥的时候，我们会张开双手、左摇右晃地在上面行走。为什么独木桥那么难走？为什么行走时要张开双手？

 实验探索 ▶▶

模拟走独木桥

实验器材

3 个有一定强度的小铁盒（或小木块）一字排开，两两之间的距离需要适合踩在上面跨步（图 1-16）。

(a)   (b)

图 1-16 模拟走独木桥

实验步骤

以下实验过程旁观者请录像,然后回放,分析各种典型动作中由于胳臂和腿的运动人体重心的变化情况,用"连环画＋文字"的形式描述出来。

（1）第 1 只脚踏上第 1 只小铁盒,站稳（保持平衡 3～5 秒）。

（2）另一只脚踏上第 2 只小铁盒,站稳（保持平衡 3～5 秒）。

（3）踏上第 3 只小铁盒站稳（保持平衡 3～5 秒）。

实验分析

对实验现象进行分析交流,写在纸上。

_____

_____

_____

同学们是不是觉得很有趣? 是不是觉得实验分析有点困难? 别着急,我们接着往下进行,如果你突然感悟了,可以再回来填写上面的实验分析。

当物体所受的力相互抵消、物体静止不动时,物体就处于平衡状态。

接下来我们再一起做个人体小实验,体会一下重心和平衡。

实验探索 ▶▶

实验 1 向后甩手为什么会跌倒

实验步骤

以下实验时,实验者背后需要有一人保护。

（1）根据图 1－17 所示,缓慢下蹲。

（2）下蹲过程中,要求脚跟不准离开地面。

（3）将你的双手平举于胸前。

（4）身体尽量挺直,保持平衡,感觉一下你的重心在脚后跟边缘的上方。

(a)   (b)

图 1－17 人体小实验

（5）将双手由向前平举变为向后摆动,尽量摆到最高,这时你会_____。

实验结论

因为人的双手由向前平举变为向后摆动,导致_____后移,使_____

_____。

上面这个小游戏,我们将它称作人体从平衡到不平衡的转变。当一个人的重心不在脚底支撑面竖直上方时,人就会倒下。

我们继续改进这个实验,四个人共同合作。看看如果你的重心并没有在你脚后跟的上方时,你会不会倒下去呢?

实验2　四人互压实验

实验步骤和发现

(1) 如图1-18所示,四人坐在椅子上,按照顺时针或者逆时针顺序,依次躺在下一个人的腿上,围成一个四边形。大家放开双手,手不能抓东西,感觉平衡后抽去凳子,我们来看看四人会倒下吗?为什么?

图1-18　四人互压实验

_____

_____

(2) 若其他人推动其中的任何一人,他们四人会倒下吗?

_____

(3) 如果这四人尝试依次移动,他们是否会倒下?

_____

(4) 让他们倒下的必要条件是什么?

_____

同学们看看下面的图片(图1-19),我们现在可以知道,无论是人体实验,还是平衡硬币堆和平衡石,都说明重心一定要在支撑面正上方,才能达到平衡。

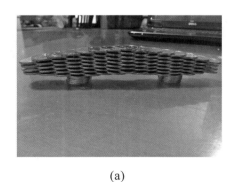

(a)

(b)

图1-19　平衡硬币堆和平衡石

思考讨论

（1）如果支撑的不是一个面，而是一条线，是不是很难平衡？

（2）物体重心保持在一条线的正上方（图1-20），是不是很难？

（3）如果支撑的不是一个面，而是一个点，是不是很难平衡？

（4）物体重心保持在一个点的正上方（图1-21），是不是很难？

图1-20　纸币上的硬币　　图1-21　西瓜上的乒乓球　图1-22　俯视西瓜皮内乒乓球

如果支撑的面积非常小，小到可以看成一个点，那么就会出现两种平衡，我们把这两种平衡分为稳定平衡（stable balance）和不稳定平衡（unstable balance）。

例如，纸币上的硬币（图1-20）、西瓜上的乒乓球（图1-21）这样的平衡，稍有扰动就不能恢复到原来的平衡状态，这种平衡称为不稳定平衡。

如图1-22所示，位于刮得光光的西瓜皮内底部的乒乓球，也是处于平衡状态，而且受到外界小小的扰动后，仍能回到原先的平衡状态，这种平衡称为稳定平衡。

实验探索 ▶▶

制作简易平衡鸟

实验器材

回形针，A4纸，支撑小棒，橡皮泥，剪刀。

实验步骤

（1）按照图1-23的操作步骤折平衡鸟。

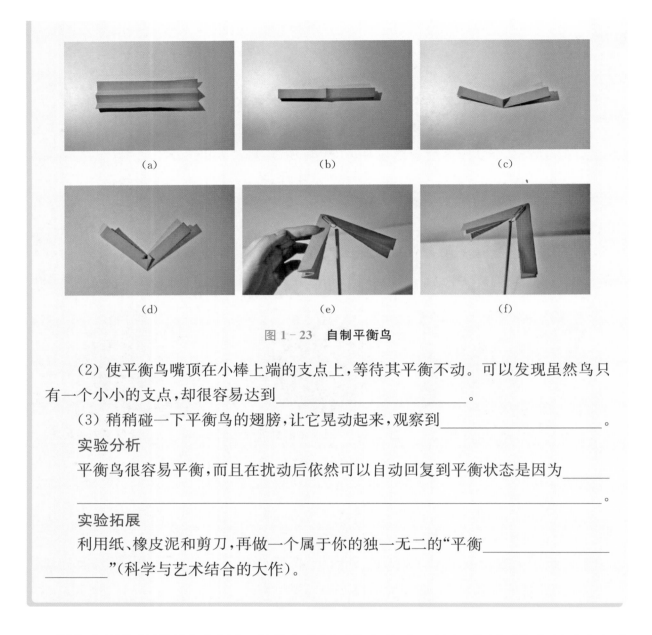

图 1-23　自制平衡鸟

（2）使平衡鸟嘴顶在小棒上端的支点上，等待其平衡不动。可以发现虽然鸟只有一个小小的支点，却很容易达到_____。

（3）稍稍碰一下平衡鸟的翅膀，让它晃动起来，观察到_____。

实验分析

平衡鸟很容易平衡，而且在扰动后依然可以自动回复到平衡状态是因为_____。

实验拓展

利用纸、橡皮泥和剪刀，再做一个属于你的独一无二的"平衡_____"（科学与艺术结合的大作）。

　　平衡鸟平衡的原理有点复杂，但是在分析平衡鸟的重心所在、分析平衡鸟晃动中每当离开平衡位置时重心运动的共性，就不难理解这个装置能够保持稳定平衡的原因了。

思考讨论

（1）分析稳定平衡和不稳定平衡，你是否发现下面的规律：

处于稳定平衡的物体，受到外界小小的扰动后，物体的重心上升，所以在重力的作用下，_____；

处于不稳定平衡的物体，受到外界小小的扰动后，物体的重心_____，所以在重力的作用下,_____。

（2）单摆的平衡是稳定平衡还是不稳定平衡？为什么？

（3）平衡鸟的平衡是稳定平衡还是不稳定平衡？为什么？

（4）综上可得出结论：当物体的重心位于支点之_____时,很容易实现稳定平衡。

实验探索 ▶▶

自行设计稳定平衡走钢丝人,完成作品后进行交流,并评选出最佳作品。

思考讨论

（1）我们了解了稳定平衡和不稳定平衡,其实还有一种平衡叫随遇平衡（neutral equilibrium）。请将表1－1填写完整。

表1－1　3种平衡

平衡种类	物体稍微移开平衡位置后	
	重心变化	物体状态
稳定平衡	重心位置_____	物体自动回到平衡位置
不稳定平衡	重心位置_____	物体不能自动回到平衡位置
随遇平衡	无论重心位置怎样变	_____

（2）请列举其他几个随遇平衡的例子。

§1.4　**不倒翁研究及研究报告**

经过上面一系列的研究探索,我们应该大致了解了不倒翁的工作原理。

思考讨论

(1) 失败的不倒翁倒下不起的原因:
_____

(2) 成功的不倒翁不倒的原因:
_____

(3) 不倒翁要达到_____(即上述原因),重心必须位于:
_____

请在下方作图说明:

还记得我们在§1.1节中制作的不倒翁吗? 你对自己当时制作的不倒翁还觉得满意吗? 制作和评比时产生的问题现在解决了吗?

实验探索 ▶▶

将下面的实验报告写在纸上,和大家一起交流,最好附上视频。也许大家会有兴趣组织一场不倒翁物理研究讨论会。

不倒翁不简单

实验器材

不倒翁外壳,橡皮泥,纸,线,胶带,钢珠,天平,秒表。

实验目的

(1) 努力做一个最轻的不倒翁,组内交流、评比;

(2) 努力做一个回复到平衡不动状态最快的不倒翁,组内交流、评比;

（3）分析如何才能做到"最轻不倒翁"和"回复最快不倒翁"。

实验步骤

写下自己设计的实验步骤。

_____

_____

_____

实验结论

写下自己得出的实验结论。

_____

_____

_____

现在,我们对不倒翁的研究已经接近尾声,最后问问大家,是不是有兴趣进行一系列"最_____不倒翁"研究(除去"最轻不倒翁"和"回复最快不倒翁")？大家都来撰写研发报告,"秀"一下自己的研究成果,向家长、老师和小伙伴们汇报。

期待你的"想不到,真是想不到"的不倒翁问世。

第2章

玩具啄木鸟到底有多少秘密

　　清晨,当第一缕阳光洒进茂密森林时,啄木鸟开始迎接这忙碌而充实的一天。有一天,一棵苹果树生病了,啄木鸟闻讯赶来,在苹果树上这里敲敲、那里敲敲,然后用嘴巴在树干上啄出一个洞,把里面的害虫一条一条都给叼出来,还苹果树健康的体魄。图2-1就是可爱的啄木鸟医生①,同学们是不是对它们充满感激之情呢?

图2-1　自然界中的啄木鸟

图2-2　玩具啄木鸟

§2.1　玩具啄木鸟

　　自然界的啄木鸟像个"神医",时刻维护着林中树木的健康。啄木鸟反复啄木的形象也给我们留下深刻的印象。同学们还能想到生活中有什么类似的动作? 你能用身边的材料模拟出啄木鸟反复啄木吗?

　　图2-2是一只玩具啄木鸟,大家能自己动手把它做出来吗?

―――――――――――――

① 来源:天涯问答,啄木鸟为什么不会脑震荡,http://wenda.tianya.cn/question/7f2bd4d46279a192。

制作玩具啄木鸟

实验器材

底座,金属杆,弹簧,啄木鸟。

实验步骤

(1) 按照图2-2所示,利用实验材料组装一只玩具啄木鸟。

(2) 将啄木鸟拉到高处,观察其能否下落;如若不能,思考怎样才能使啄木鸟下落:

_____

(3) 思考啄木鸟在下移过程中是怎样下落的,为什么会有这样情况?

_____

实验结论

你的啄木鸟做成功了吗? 它为什么会啄木? 请把你的想法写下来。

_____

_____

_____

通过上面的实验,相信同学们都成功地做出了玩具啄木鸟,也观察过啄木鸟的运动方式。这只玩具啄木鸟是不是把真正的啄木鸟不停啄木的动作模仿得惟妙惟肖? 它们边"走"边"啄虫",不停地向下"走",不停地"啄虫"。大家分析得出玩具啄木鸟运动方式的原因了吗? 让我们一起来分析。

思考讨论

要想将事物的本质研究清楚,有很多种思路。其中之一就是将事物分解成不同组成部分,然后逐一考察。例如,要研究玩具啄木鸟的运动方式,可以把它分解为如下几个组成部分:_____,_____,_____,_____,_____。然后针对每个部分提出假设。

(1) 玩具啄木鸟能不停地啄虫,可能是因为有_____的存在,它的特性是_____。

（2）玩具啄木鸟能不停地啄虫,可能是因为有_____的存在,它的特性是____
_____。

（3）玩具啄木鸟能不停地啄虫,可能是因为有_____的存在,它的特性是____
_____。

（4）_____。

（5）_____。

想到了这么多可能的原因,那还等什么?让我们用事实说话,逐一验证一下吧!

实验探索 ▶▶

啄木鸟的秘密1:啄木鸟的质量

实验目的

半定量研究啄木鸟的质量对其下落速度和啄木频率的影响。

实验器材

底座,金属杆,弹簧,普通啄木鸟、轻型啄木鸟、重型啄木鸟,秒表,尺。

实验步骤

（1）将底座、金属杆、弹簧、普通啄木鸟组装成啄木鸟玩具,观察其下落过程。

（2）如图2-3所示,将啄木鸟换成轻型啄木鸟,观察其下落过程。

（3）如果将啄木鸟换成重型啄木鸟,观察其下落过程。

图2-3　轻重啄木鸟学生实验

实验现象

什么样的啄木鸟能下落?下落方式是什么样的?请记录下来。

_____

_____

_____

实验结论

啄木鸟的质量对其下落的过程有影响吗?是什么样的影响?

_____

_____

_____

实验方法学习：控制变量法

控制变量法是科学研究中十分重要的研究方法。

事物的运动往往会有众多因素（多变量）的影响，采用控制因素（变量）的方法，就是只改变其中的某一个因素（变量），而其他因素（变量）必须保持不变，从而能研究出这个因素（变量）对事物的影响到底如何。用同样的思路，逐一研究各个因素（变量），最后再综合分析，这种方法叫控制变量法。

在上面的实验中，半定量研究啄木鸟的质量对其下落速度和啄木频率的影响时，只改变了鸟的质量，其他变量都没有变，就是遵循了实验研究的控制变量原则。如果在实验中同时改变弹簧，或者改变套筒的孔径，那么鸟的运动状态发生的变化是和哪个因素（变量）相关就无法分析了。

通过这个实验，想必大家都基本弄清了啄木鸟的质量对其下落方式的影响。除了质量还有什么因素能影响啄木鸟的下落呢？请大家仿照上面的实验，自行选取材料、自行设计方案进行验证，完成下面的实验探索。

注意在实验中要控制好变量哦！

实验探索 ▶▶

啄木鸟的秘密 2：_____

实验器材

底座，金属杆，弹簧，啄木鸟……

实验步骤

（1）_____。

（2）_____。

（3）_____。

……

实验现象

（1）_____。

（2）_____。

（3）_____。

实验结论

_____

_____

_____

告诉大家，你一共研究了啄木鸟的哪几个秘密？

实验做完了，大家是不是对影响啄木鸟运动的因素有了一定的了解？你还能想到哪些因素会影响啄木鸟的运动？通过§2.1节的学习，我们认识到科学研究中的一个很重要的思考方法：

（1）找出要研究的中心问题；

（2）把复杂的关系分解，找出所有可能的影响因素；

（3）用控制变量法设计实验，进行研究。

所以，即使有再多的问题也不用担心，沿着科学的思维方式，解开心中的疑惑吧！

§2.2 玩具啄木鸟点头的奥秘

在§2.1的学习中，我们认识了玩具啄木鸟，也大致了解影响啄木鸟运动方式的几个因素。我们接下来将深入探讨这些影响因素背后的物理机制。

2.2.1 材料的弹性

玩具啄木鸟能和自然界中的啄木鸟一样，不停地点头，不停地啄木。自然界中的啄木鸟不停啄木的原因是由于它们的本能，玩具啄木鸟不停啄木的原因又是什么呢？为了将其中的奥秘说清楚，我们先来看看另一个玩具——弹力老鼠。

思考讨论

图2-4是一只弹力老鼠，这只老鼠背上有个蝴蝶结，蝴蝶结上系着一根绳子。将老鼠平放在桌面上，并将其背上的绳子拉起，直到拉不动为止。慢慢放松绳子，这只可爱的小老鼠就会向前走了（图2-5）。

图 2－4　拉线玩具老鼠

图 2－5　拉了线才会
走的老鼠

　　这只玩具老鼠为什么会向前走？请大家猜想老鼠肚子里的秘密。相互讨论后把你的猜想画出来。

　　现在到了揭秘时间，大家画的设计方案和老鼠肚子里的结构相同吗？不相同也没关系，只要大家觉得有道理，不妨动手把自己的设计做出来。期待同学们做出各种各样的老鼠、乌龟、兔子等，可以让它们在教室里走起来。

　　现在我们来看这只玩具老鼠的结构。在玩具老鼠的肚子里(图 2－6)，有特殊结构的轮子、细线、铁丝架子、橡皮筋等部件，要想知道为老鼠向前走提供动力的关键所在，我们就要逐个分析，看看这些部件分别有哪些功能，它们又是如何工作的？

图 2－6　老鼠肚子里的特殊结构

　　特殊结构的轮子：＿＿＿＿＿＿＿＿＿＿＿＿＿＿＿＿＿＿＿。

　　细线：＿＿＿＿＿＿＿＿＿＿＿＿＿＿＿＿＿＿＿＿＿＿＿＿＿。

　　铁丝架子：＿＿＿＿＿＿＿＿＿＿＿＿＿＿＿＿＿＿＿＿＿＿＿。

　　橡皮筋：＿＿＿＿＿＿＿＿＿＿＿＿＿＿＿＿＿＿＿＿＿＿＿＿＿＿＿＿。

　　还有一个大个子神秘朋友不要忘记！它是＿＿＿＿＿＿＿＿＿＿＿＿＿＿＿＿＿＿＿＿。

在上述玩具老鼠的讨论中,相信大家发现橡皮筋在玩具中起到十分重要的作用。橡皮筋是一种在生活中广泛应用的材料,你研究过吗?

 实验探索 ▶▶

材料的用途都是和它们自身的特性相关的。下面就来探究几种材料在外力作用下发生形变的一些特性。

“蹂躏”几种材料

实验器材

塑料膜,橡皮筋,弹簧,纸,橡皮泥,海绵块,小泡沫板······

实验步骤

(1) 如图 2-7 所示,用力挤压扭曲上述材料,观察材料是否变形。

(2) 停止对材料施压,观察材料状态。

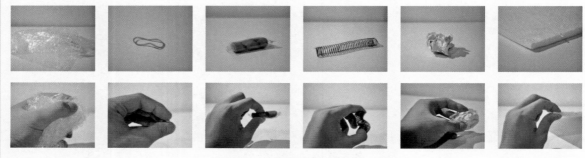

图 2-7 挤压各种材料

实验现象

_____

_____

_____

实验结果分类

(1) _____ ;

(2) _____ ;

(3) _____ 。

思考讨论

> 实验做完了,想必大家也体会到上述几种材料面对外力作用时有不同的特性。大家根据材料的这一特性,可以将它们分类,请畅想这几类材料各有哪些用武之地。
>
> 种类1: _____;
>
> 种类2: _____;
>
> 种类3: _____。
>
> ……

如同玩具老鼠肚子里的橡皮筋,在外力的作用下形状会发生变化,当外力消失时它们又会自动恢复到原来的状态,这样的材料称为弹性材料。而另外一些材料,在外力作用下能稳定地发生永久性形变,且完整性不被破坏,这样的材料为塑性材料。

下面的材料中,哪些是弹性材料,哪些是塑性材料?

橡皮、玻璃杯、铅笔芯、面团、头绳、木头……

弹性材料: _____;

塑性材料: _____;

其他: _____。

经过上面的实验,我们了解到弹性材料和塑性材料的不同。要让弹性材料变形或者让弹性材料恢复原形,与外界都有什么样的相互作用? 接下来我们用实验来验证。

2.2.2　弹性材料的特点

　　　　　　　　　　橡皮筋弹性形变和外界施力关系的研究

实验器材

多根橡皮筋,弹簧测力计,尺。

实验步骤

(1)将橡皮筋上端固定,用弹簧测力计钩住橡皮筋下端轻轻向下拉,当弹簧测力计读数为零的临界状态(即再稍稍用力读数便大于零)时,量出橡皮筋长度(此时的长度为橡皮筋原长),填写在表2-1中。

(2)用弹簧测力计钩住橡皮筋下端,从原长开始向下拉长1厘米,读出弹簧测力计读数,填写在表2-1中。

（3）继续向下拉弹簧测力计，使橡皮筋伸长 2 厘米，读出弹簧测力计读数，填写在表 2-1 中。

（4）继续向下拉弹簧测力计，使橡皮筋分别伸长 3 厘米、4 厘米、5 厘米，分别读出与其对应的弹簧测力计读数，填写在表 2-1 中。

（5）为了减少测量误差，重复上述步骤(2)，(3)，(4)各两次。

实验数据记录

在表 2-1 中记录实验数据。

表 2-1　**实验数据记录表**

橡皮筋原长 L_0（厘米）						
橡皮筋伸长 L（厘米）		1	2	3	4	5
弹簧测力计读数 T（牛）	第 1 次					
	第 2 次					
	第 3 次					
	平均值					

实验数据分析

根据实验数据的平均值作图，完成图 2-8。

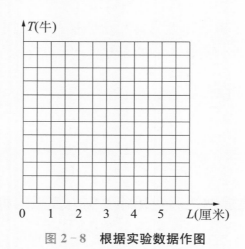

图 2-8　**根据实验数据作图**

可以发现橡皮筋伸长量随拉力变化的规律如下：

_____

_____

_____

实验拓展问题

有一位同学没有弹簧测力计，请帮他想想办法，用家中很容易找到的物体，完成这个对橡皮筋伸长量随拉力变化规律的研究。（提示：一个一元硬币的质量为6克）。

如果你也可以不用弹簧测力计完成这个实验，并做好实验报告，那么请把成果拿出来与大家交流。

实验相互点评

有一位同学用硬币做了橡皮筋弹性形变和外界施力关系的研究，研究后交上来的作业是一张表格（图2-9），请点评这位同学研究工作的优点和缺点。

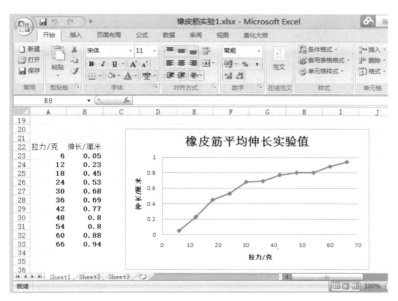

图 2-9 一位同学的橡皮筋弹性研究作业

弹性物体发生形变后，由于要恢复原状而对跟它接触的物体产生作用力，这个力叫弹力（elasticity）。

思考讨论

（1）弹性物体的形变会一直发生吗？弹性物体永远有弹性吗？如果外力过大，会有什么样的结果？请大家讨论，用事实回答上述问题。

（2）弹簧测力计是不是利用了弹性物质的特点而制作的？使用时需要注意哪些问题？

（3）为什么不用橡皮筋制作测力计？

2.2.3　弹性材料的应用

了解了弹力的原理,大家就能用它来解释生活中的很多现象。例如,现在市面上有一种"全自动"雨伞,如图2-10所示。按动伞柄上的"向上"按钮,雨伞就打开;按动伞柄上的"向下"按钮,雨伞就闭合。注意伞中并没有电池哦! 你是不是感觉很奇怪? 雨伞打开、闭合的能量来自哪里? 看看图2-11的说明书,你能不能解释它的工作原理呢?

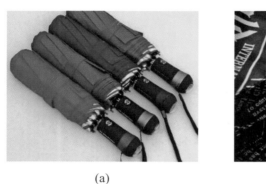
(a)

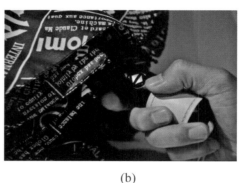
(b)

图 2-10　全自动雨伞

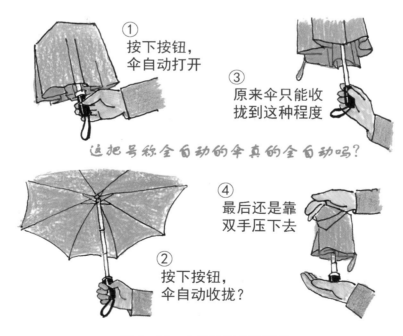

图 2-11　全自动雨伞说明书

弹力是不是很神奇? 下面的实验探索是两个利用材料的弹力进行的比赛,你敢参加吗?

比赛 1　自制小车

具体要求如下：

（1）如图 2-12 所示，利用废旧物品和橡皮筋，自行设计制作一辆小车；

（2）要求仅仅利用橡皮筋的弹力为动力；

（3）比赛开始时不得向前推；

（4）比比谁的车前进距离长，前进同样的距离时比比谁的车走得快。

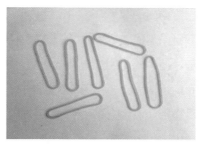

图 2-12　弹力小车用橡皮筋

比赛 2　冰棍棒多米诺

具体要求如下：

利用一定数量（建议 50 根）冰棍棒，组成冰棍棒多米诺，看看谁的冰棍棒多米诺更长、连环爆更壮观。

（1）如图 2-13 所示，首先把两根冰棍棒摆成 X 形，组成 X 形的冰棍棒中，上面的是棒 1，下面的是棒 2。

（2）然后在 X 形的一边再加入一根冰棍棒 3，将棒 3 置于棒 1 的上面、棒 2 的下面，并且压平。

（3）再加一根冰棍棒 4，插进棒 2 的下面和棒 3 的上面。

（4）耐心重复上面的步骤。

（5）当你将很长的冰棍棒多米诺松开时，冰棍棒竟然接二连三地四散弹开，好大的力量啊！

（a）　　　　　（b）

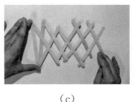

（c）　　　　　（c）

图 2-13　冰棍棒多米诺

我们在这一节学习了和弹力有关的知识，现在大家能用它来解释玩具啄木鸟为什么能不停啄木了吗？说说你的想法：

_____

_____

_____

在你的上述想法中，千万不要忘记啄木鸟也有一位神秘朋友在默默地帮助它哦！

§2.3　摩擦世界的成员

还记得在§2.1的探究中，我们曾经考虑过玩具啄木鸟杆子粗糙程度的影响吗？大家是不是发现粗糙的杆子更不利于啄木鸟下滑？这种阻碍啄木鸟下滑的力，称为摩擦力（friction force）。在物理学中，两个相互接触的物体，当它们要发生或已经发生相对运动时，就会在接触面上产生一种阻碍相对运动的力，这种力就是摩擦力。

摩擦力在日常生活中广泛存在。如图2-14所示，奔跑的汽车载着我们驶往目的地，你知道汽车是怎么开动的吗？再快的汽车也有停下来的时候，你知道汽车又是靠什么样的作用力完成制动的吗？北方的冬天永远是冰雪的世界，这时最美妙的事情就是带着滑雪板或者雪橇在雪地上飞驰。高山滑雪的速度可以达到30千米/小时，速度滑雪比赛时更是很容易就超过100千米/小时，这么快的速度，是怎么做到的？

(a)　　　　　　　　　　　　　　　　(b)

图 2-14　汽车的启动、刹车与滑雪

上述场景中都有摩擦力的身影，只不过摩擦力同时拥有"天使"和"魔鬼"两张面孔。我们希望让它"天使"的一面能助我们一臂之力，也希望能将它"恶魔"般任性的一面关进笼子。

思考讨论

善于观察的同学们能不能说说生活中利用和克服摩擦力的例子，以及利用或克服摩擦力的方法？

对于摩擦力，利用也好，管束也罢，一切都从对摩擦力的进一步了解开始。下面就来做些实验，了解不同种类的摩擦力。

滑动中的摩擦力

实验器材

带钩子的木块,砝码,弹簧测力计,小毛巾。

实验步骤

(1) 如图2-15所示,将木块放在桌面上,用弹簧测力计拉住木块,让木块匀速移动,观察并记录弹簧测力计的读数。

(2) 将上述实验重复3次,并求出3次实验测得的弹簧测力计读数的平均值。

(3) 在木块上放置砝码,重复上述实验(1),(2),记录弹簧测力计的读数。

(4) 将木块包在小毛巾中,重复实验(1),(2),(3),记录弹簧测力计的读数。

(a)   (b)

图 2-15 拉动的小车

实验数据

请自行设计表格,总结分析实验数据。

实验结果

滑动中的摩擦力与哪些因素有关?

(1) _____;

(2) _____;

(3) _____。

实验拓展

如果你家里没有上述木块、没有砝码、没有弹簧测力计,应该怎么办? 滑动中的摩擦力与哪些因素有关的实验是不是没有办法完成? 如果你有办法,就来大胆地尝试吧!

不知大家是否注意,在上面这个实验中,木块和桌面之间是有相对运动的。这时产生的摩擦在物理学上被称为滑动摩擦(sliding friction)。

请大家回忆生活中有没有这样的场景。例如,有张桌子你拼命拉就是拉不动,或者你用了九牛二虎之力来推一个箱子,可它就是纹丝不动。即桌子或箱子并没有动起来,只是对于地面而言有了相对运动的趋势。由于这时发生摩擦的两个物体相对静止不动,因此这时的摩擦力称为静摩擦力(breakout friction)。那么,静摩擦力有多大呢?影响静摩擦力的因素又有哪些呢?下面再来做实验研究一下。

实验探索 ▶▶

拉不动时的摩擦力

实验器材

带钩子的木块,砝码,弹簧测力计,小毛巾。

实验步骤

(1) 如图 2-16 所示,将木块放在桌面上,用弹簧测力计拉住木块,缓慢加力,直至木块移动。

(2) 观察并记录木块从静止到移动的瞬间弹簧测力计的读数(注意不要错过规定的读数时刻)。

(3) 将上述实验重复 3 次,并求出 3 次实验测得弹簧测力计读数的平均值。

(4) 在木块上放置砝码,重复上述实验(1),(2),记录弹簧测力计的读数。

(5) 将木块包在小毛巾中,重复实验(1),(2),(3),记录弹簧测力计的读数。

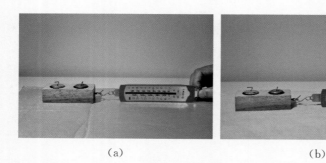

(a)　　　　　　　　　　　　　　(b)

图 2-16　拉不动时的摩擦力

实验数据

请自行设计表格,总结分析实验数据。

实验结果

静摩擦力与哪些因素有关？

(1) _____ ；

(2) _____ ；

(3) _____ 。

想必大家已经对静摩擦力有了一定的认识。那么，请大家思考：对于相同的两个物体来说，最大静摩擦力和滑动摩擦力谁更大？为什么？刚才的实验结果是否验证了这个结论？如果没有，能否用事实进行验证？

现在我们对摩擦力已经有了初步的了解。大家觉得摩擦力是如何产生的？生活中将重物放在有轮子的车上运输十分省力，这又是为什么呢？看来关于摩擦力，我们还有很多要去探究的内容，大家如果感兴趣，就将这个话题继续进行下去！

§2.4 走停走停的玩具啄木鸟

经过前面的学习，我们对啄木鸟有了进一步分析。下面是一位同学利用学到的知识对啄木鸟运动的分析。请仔细阅读，看看他的分析是否有道理。

经过一段时间的物理学习，我逐渐学会了用学到的知识分析物理现象。关于这个玩具啄木鸟，涉及的物理知识好多啊！

(1) 学习了弹力，知道了由于啄木鸟的"腿"是弹簧，拨动弹簧就可以使啄木鸟整个身体上下晃动，看上去像是在点头。

(2) 了解了静摩擦力，知道啄木鸟在静止时不会下落，是因为静摩擦力太大。

(3) 静摩擦力大是因为套筒是斜的，卡在直杆上，对直杆的压力很大。

(4) 套筒倾斜是因为啄木鸟的重心不在套筒的中心。

(5) 啄木鸟在下落过程中的某些阶段会受到摩擦力的阻碍，所以是走停走停的重复。

但是我还有不明白的地方（图 2-17），我发现了一个奇怪的现象。当我抓住啄木鸟的套筒、拨动弹簧时，啄木鸟晃动几下就停下来不动了；当我放开啄木鸟的套筒、拨动弹簧时，啄木鸟可以在向下走停走停的过程中一直上下晃，所以套筒就可能与直杆发生周期性的接触和不接触的变化状态。这是为什么呢？

你能帮这位同学解决问题吗？

(a)　　　　(b)

图 2-17 还有不明白的地方

 ►►

○ ○

观察与记录啄木鸟的运动状态

请大家仔细观察啄木鸟从一次点头到下一次点头的过程中,都经历过哪些动作? 用连环画来描绘啄木鸟在这一过程中的不同状态,并加上必要的文字说明:

通过上面细致的观察,大家不难发现,啄木鸟的动作是不停反复的,也就是说,啄木鸟每两次点头之间所做的动作都是相同的。这就形成一种周期性的循环,并且这种循环并没有随着啄木鸟的下降而减弱。可以想象,如果套筒中的竖直长杆足够长,啄木鸟的走停会一直循环下去。

思考讨论

我们都有亲身体验,在运动时都会受到空气阻力,特别是快跑时这个阻力很明显。啄木鸟肯定也受到了空气阻力,但是它为什么能够这样不知疲倦地周期性运动呢? 它是从哪里不断获取能量的呢?

是不是有哪位神秘朋友在帮助玩具啄木鸟? 它是_____。

在物理学的振动理论中,这种由系统本身的某些部件从恒定能源吸取能量而实现的不衰减的振动称为自激振动(self-excited vibration)[①]。生活中自激振动的例子很多,善于观察的同学们能不能找到它们,并解释它们的运动方式呢?

在这一章的学习中,我们认识了玩具啄木鸟,并从它出发了解了弹力、摩擦力和自激振动。同学们是不是感觉收获颇丰? 有没有对玩具啄木鸟这个看起来很简单的装置刮目相看了呢?

---

① 参见刘延柱等,《振动力学》,北京:高等教育出版社,1998 年。

在结束这一章的学习之前,我们还是来个比赛,再一次和玩具啄木鸟亲密接触一下吧。

实验探索 ▶▶

啄木鸟改造

改造你的啄木鸟,进行以下比赛:

（1）比一比谁做的啄木鸟下落快,当然要能够做到初始静止,且一边振动一边开始往下落。

（2）比一比谁做的啄木鸟下落慢,当然要能够做到初始静止,且一边振动一边慢慢往下落。

（3）用绳子或圆形松紧带代替长杆,双手分别控制绳（或松紧带）的两端,比一比谁做的啄木鸟可以控制自如,说停就停,说下就下。

你还能想到什么玩啄木鸟的花样？来一个玩具的发明创造吧！

看这两位同学在比赛自制啄木鸟（图 2–18）,其中还有一只美丽的长尾鸟。让我们想想看他们在比的是什么内容。

图 2–18　他们在比什么？

第 3 章

伽利略与温度计

图 3-1　伽利略温度计

在这个晶亮透明的玻璃瓶中装有液体,液体中或浮或沉着若干小玻璃球,玻璃球中也装有彩色液体(图 3-1)。这是什么? 不难发现,每个小玻璃球下都悬挂着一个小牌,每个小牌上面有不同的数字和表示温度(temperature)单位的小圆圈(如 26° 等)。

哈,它还是个温度计! 温度计也可以做成绚丽的装饰品,给我们以美的享受。

这个美丽的温度计被称作伽利略温度计。它为什么可以测温度? 是根据什么物理原理设计的? 它真的是伽利略发明的吗? 别急,让我们从相关的基本物理规律研究开始。

§3.1　温度计的探索之旅

提到温度计,大家都再熟悉不过,它是我们日常生活中必不可少的工具。可是你们知道温度计有多少种类? 又分别是根据什么原理制造的? 看似简单的温度计,却蕴含着不简单的道理。

与其他发明创造一样,温度计从原理模型的建立到发明,再到完善,也是一代又一代的科学家经过不懈探索才得出的结果。下面让我们一起回溯温度计发明的历史,跟随科学家的脚步,开始探索这项看似简单、实则内涵丰富的发明吧!

我们的故事要从一位伟大的科学家说起。这位科学家就是伽利略(图 3-2),他是意大利著名的数学家、物理学家和天文学家,是科学革命的先驱。伽利略出生在意大利的比萨城,从小就有强烈的求知欲,这也是伽利略后来能有所成就、成为近代实验

图 3-2　伽利略(1564—1642),意大利数学家、物理学家和天文学家

科学奠基人之一的重要原因。

　　在伽利略17岁那年,他遵从父亲的意愿考上比萨大学医科学院。在学医的过程中,伽利略发现体温可以反映人的身体状况,但是当时医生往往只能够通过手来感知病人的体温,结果并不精确。善于思考的伽利略就在想:能不能发明一种仪器能准确测出病人的体温呢?

　　为了做出这个体温计,伽利略冥思苦想,直到有一天他看到一个小朋友正在玩一个玩具:在一个U形玻璃管里装一半水,一端用铅球封闭,另一端用玻璃球封闭。玩的时候只需对铅球进行加热,就可以看到U形管中的水移动起来,伽利略看到这个玩具后深受启发。但是,创造注定是艰辛的,不可能一蹴而就,伽利略的方案经历了一次又一次的失败。寒来暑往,10多年过去了,伽利略的第一支温度计终于问世(图3-3)。

图3-3　第一支伽利略温度计

思考讨论

　　图3-3是伽利略当年制造的第一支温度计的复制品。请大家仔细观察,相互讨论,猜猜这只温度计为什么可以测温度。

　　温度计,顾名思义是测量温度的工具。那么,温度是什么呢?让我们带着问题进入下面的思考与讨论。

思考讨论

　　什么是温度?

　　温度是表示＿＿＿＿＿＿＿＿＿＿＿＿＿＿＿＿＿＿＿的物理量。

　　从微观上来讲,物体由分子组成,物体温度较高,说明组成物体的大量分子的平均运动状况较为激烈;物体温度较低,说明＿＿＿＿＿＿＿＿＿＿＿＿＿＿＿＿＿＿

＿＿＿＿＿＿＿＿＿＿＿＿＿＿＿＿＿＿＿＿＿＿＿＿＿＿＿＿＿＿＿＿＿。

　　要想测量物体的温度,就必须制定标准:一是要把什么样的冷热程度定为零度;二是要确定将多大的＿＿＿＿＿表示为1度的温差。你觉得这个温度标准如何规定比较合适?

如果你确定的标准使用方便、科学合理,那么这个温度标准可能就会以你的名字命名。

用来量度物体温度数值的标准叫温标(thermometric scale)。它规定了温度的读数起点(即零点温度)和测量温度的基本单位。有很多种温标,用于不同场合或地域。

1. 热力学温标

图 3 - 4　威廉·汤姆逊(1824—1907),苏格兰数学家、物理学家

热力学温标(thermodynamic temperature scale)又称开尔文温标、绝对温标,是由威廉·汤姆逊·开尔文勋爵(图 3 - 4)于 1848 年利用热力学第二定律(second law of thermodynamics)[1]纯理论推导引入的温标,与测温物质的属性无关。热力学温标符号为 T,单位为开尔文,简称开。

2. 华氏温标

华氏温标(Fahrenheit temperature scale)的单位是华氏度,是 1714 年德国物理学家华伦海特基于研究需要而确定的测温标准。他将一定浓度的盐水刚好能结冰的温度确定为 0 华氏度,据说是将他妻子的体温定为 100 华氏度,两者之间等分成 100 个刻度。后来为了严谨,又把纯水刚好能结冰的温度(即稳定后冰水混合物的温度)定为 32 华氏度,把标准大气压下水沸腾时的温度定为 212 华氏度,中间分为 180 等份,每一等份代表 1 华氏度,至今只有一些欧美国家仍在使用华氏温标。

3. 摄氏温标

摄氏温标(Celsius temperature scale)的单位是摄氏度,是目前国际上用得较多的温标。

摄氏温标的发明者是瑞典人安德斯·摄尔修斯(图 3 - 5),我们称他为摄氏。1740 年,摄氏提出在标准大气压下,把冰水混合物的温度规定为 0 度,水的沸腾温度规定为 99.974 度(很接近 100 度)。根据水的这两个固定温度点来对玻璃水银温度计

图 3 - 5　安德斯·摄尔修斯(1701—1744),瑞典物理学家、天文学家

---

[1] 热力学第二定律是热力学基本定律之一,有不同的表述形式。可表述为不可能把热从低温物体传到高温物体而不产生其他影响;不可能从单一热源取热,使之完全转换为有用的功而不产生其他影响。

进行分度。两点间作 100 等分，每一份称为 1 摄氏度，记作 1℃。物理学中摄氏温度表示为 t。

摄氏温度和热力学温度的关系式是

$$t = T - 273.15$$

在数值上其单位温度 1 摄氏度 ＝ 1 开尔文。

摄氏温标和华氏温标的转换公式为

$$摄氏度 = \frac{5}{9}(华氏度 - 32)$$

中国人在生活中一般使用摄氏温标。例如，天气预报会说，"今天最低温度为 5 摄氏度，最高温度为 17 摄氏度"。如果用符号表示摄氏温度单位，可以写成"5℃"和"17℃"。生活中我们口语往往默认使用摄氏温标，会舍去"摄氏"两个字，只说"5 度"和"17 度"。

自从伽利略发明了第一支温度计后，科学家对测量温度方法的探究就没有中断，各种形状和功能的温度计也应运而生。例如，根据液体热胀冷缩（expand with heat and contract with cold）原理制成的水银温度计和酒精温度计（图 3-6）；利用现代技术制成的半导体温度计和红外测温仪（图 3-7）。

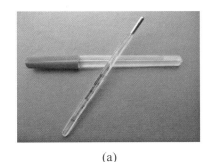
(a)

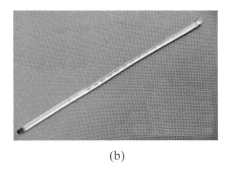
(b)

图 3-6　水银温度计（图(a)为水银体温计）和酒精温度计(b)

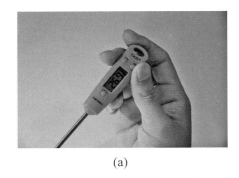
(a)

(b)

图 3-7　半导体温度计(a)和红外测温仪(b)

上面提到有些温度计用到热胀冷缩原理，你知道什么是热胀冷缩现象？§3.2 节将为大家揭晓。

§3.2　物体的热胀冷缩

　　无论是固体、液体还是气体,一般都具有热胀冷缩的规律,即在外界压强不变的情况下,大多数物质在温度升高时,其体积增大;在温度降低时,其体积缩小。当然也有极少数例外,正因为是极少数,所以被称为反常膨胀(abnormal expansion)。例如,水在 4 摄氏度降到 0 摄氏度期间,就会反常膨胀(即温度越低,体积越大)。同样,青铜遇冷也会反常膨胀。下面就让我们来体验一下固体的热胀冷缩。

实验探索 ▶▶

固体的热胀冷缩

此实验有一定的危险,应在教师指导下进行。

实验器材

固体热胀冷缩套件(图 3-8),酒精灯,冷水槽。

图 3-8　固体热胀冷缩实验套件

实验步骤及实验现象

(1) 一手举着小球杆把,一手拿着圈圈的杆把。

(2) 把小球放到圈圈孔中,发现恰好能穿过。

(3) 点燃酒精灯,将小球放在火焰上加热 1～2 分钟,然后使其穿越圈圈,发现_____。

(4) 将小球放入冷水槽中充分冷却后,将其再次穿越圈圈,发现_____

_____。

实验结论

_____

_____

_____

思考讨论

　　如果加热圈圈呢？环状固体热膨胀以后，中间的孔是缩小了还是变大了？请说明原因。

○○○○○○○○○○○○○○○○○○○○○○○○○○○○○○○○○○○○

液体的热胀冷缩

　　结合前面提到的伽利略发明的第一支温度计的故事，结合水银温度计和酒精温度计的原理，你能不能自己设计一个实验，证明液体会热胀冷缩。

　　注意给液体加热绝对不能用火，你知道为什么吗？这还不仅仅是因为安全问题。

　　实验器材

_____

　　实验步骤及实验现象

　　实验结论

_____

_____

_____

思考讨论

　　我们知道液体总是存放在固体容器中，验证液体热胀冷缩实验时，液体和固体容器会同时被加热或制冷。你可能会有什么疑问？发现什么规律吗？你有办法验证自己的猜想吗？

实验探索 ▶▶

气体的热胀冷缩

如果你能证明液体的热胀冷缩，那么你设计实验证明气体的热胀冷缩也问题不大。

注意　在实验设计完成以后，需要和老师讨论一下方案。因为气体如果一下子太热，膨胀得太厉害，外面的容器如果密封得较好，就可能发生＿＿＿＿＿＿＿＿＿＿＿＿＿＿＿＿＿的危险！

实验器材

＿＿＿＿＿＿＿＿＿＿＿＿＿＿＿＿＿＿＿＿＿＿＿＿＿＿＿

实验步骤及实验现象

实验结论

＿＿＿＿＿＿＿＿＿＿＿＿＿＿＿＿＿＿＿＿＿＿＿＿＿＿＿

＿＿＿＿＿＿＿＿＿＿＿＿＿＿＿＿＿＿＿＿＿＿＿＿＿＿＿

＿＿＿＿＿＿＿＿＿＿＿＿＿＿＿＿＿＿＿＿＿＿＿＿＿＿＿

思考讨论

实验证明，＿＿＿＿＿＿体的热胀冷缩现象最明显，＿＿＿＿＿＿体的热胀冷缩现象最不明显。为什么？

　　§3.1节提到的水银温度计和酒精温度计,就是利用液体的热胀冷缩现象制成的。

思考讨论

　　(1) 水银体温计离开人体之后温度下降,为什么体温计中的汞柱顶端还保持在体温下的位置?

　　(2) 我们知道水很便宜,为什么不能做一个水的温度计?

　　(3) 通过上面的实验,你觉得什么样的液体适合做液体温度计呢?

　　同样是固体,同样是液体,或者同样是气体,不同的物质在同样的温度变化条件下,也具有不同的热胀冷缩程度。可以用体膨胀系数(coefficient of volume expansion)来表示物质热胀冷缩的本领。表 3-1 是常见液体在 20 摄氏度时的体膨胀系数,单位是 1/摄氏度,表示温度每升高 1 摄氏度时体积增加的倍数。

表 3-1　常见液体在 20 摄氏度时的体膨胀系数(单位：1/摄氏度)

液体	体膨胀系数	液体	体膨胀系数	液体	体膨胀系数
汞	0.000 18	水	0.000 21	甘油	0.000 50
汽油	0.000 95	松节油、煤油	0.001 00	酒精	0.001 09

图 3-9　用它为什么能测温度?

§3.3　彩球沉浮有秘密

　　我们知道了温标、知道了热胀冷缩,再来看图 3-9 的那只彩色玻璃球温度计,奇怪,用它为什么能测量温度呢?

思考讨论

　　(1) 彩球温度计里漂浮着的漂亮彩球,会随着温度的变化而上下沉浮。仔细观察每一个彩球下面是不是都悬挂着一个小牌? 小牌的作用是什么?

（2）如何读取温度值？可参照其他类型的温度计进行判断。

（3）猜想这些漂亮的小球沉浮的秘密。

既然涉及沉浮的概念，我们就先来领略一下名叫"浮沉子"的有趣现象。浮沉子装置如图 3-10 所示。

在装有水的瓶子里放有一个浮在水上的浮沉子，把水装满瓶子，盖紧瓶盖，浮沉子就会顶着瓶盖。

思考讨论

当用手挤压瓶子时，瓶中的浮沉子将如何运动？

图 3-10　浮沉子

实验探索 ▶▶

小滴管浮沉子

实验器材

胶头滴管，塑料瓶，水。

实验步骤

（1）如图 3-10 所示，在塑料瓶中装满水。

（2）用滴管吸取一定量的水，将其投入塑料瓶中。

（3）调节滴管中的水量，使其恰好悬浮在水中而不沉下，注意正确理解"恰好"的概念。

（4）拧紧瓶盖。

（5）用力捏瓶子再放开，反复此动作，观察滴管运动。

实验现象

_____

_____

_____

现在同学们都会做浮沉子了，其中的原理又是什么呢？

我们在第1章中讲过,在地球表面的任何物体都会受到一个来自地球的吸引力(即重力),这个力使得物体像砸到牛顿头上的苹果一样,会向下运动,那么停留在瓶子中的滴管为什么没有降落到瓶底呢? 这是因为滴管受到一个和重力方向相反、竖直向上的力。这个力和重力的作用效果相互抵消,滴管才悬浮在水中。这个向上的力究竟是什么力呢?

它就是通常所说的浮力(buoyancy)。物理上的浮力,就是指当物体进入液体(气体)时,都会受到液体(气体)对它施加的竖直向上的力,这个力就叫做浮力。

说到浮力,就很容易想到有趣的阿基米德和皇冠的故事。如果你还不知道这个故事,一定要查资料了解。

下面我们来做实验研究浮力的大小与哪些因素有关,这个关系就体现在阿基米德定律(Archimedes law)中。

实验探索 ▶▶

浮力的大小

实验器材

等体积铁块、铜块、木块、塑料块,烧杯,水,弹簧测力计。

实验方法

(1) 在烧杯中注入2/3的水。

(2) 用弹簧测力计测量铁块、铜块、木块和塑料块的重量,记录在表3-2中。

(3) 用弹簧测力计吊住铁块,将其完全浸入水中,记录铁块在水中的重量。

(4) 用弹簧测力计吊住铜块,将其完全浸入水中,记录铜块在水中的重量。

(5) 用弹簧测力计吊住木块,将其浸入水中,记录木块在水中的重量。

(6) 用弹簧测力计吊住塑料块,将其浸入水中,记录塑料块在水中的重量。

(7) 重复两次上述过程,记录实验数据。

实验数据

整理记录实验数据,填写表3-2。

表3-2　**实验数据记录表**

材料	铁块	铜块	木块	塑料块
空气中重量				
浸入水中体积占原体积的百分比				
水中重量测量1				
水中重量测量2				

续　表

材料	铁块	铜块	木块	塑料块
水中重量测量 3				
水中重量平均值				
空气中重量减去水中重量平均值				

实验分析

从实验数据分析中可以发现：

_____

_____

_____

通过上面的实验,我们知道物体的浮力与_____有关。现在回到浮沉子实验中,可否解释为什么在用手挤压水瓶后,滴管会_____运动呢? 把你的想法写下来:

_____

_____

_____

思考讨论

大家一定做过这样的实验:把鸡蛋扔到水里,鸡蛋会沉到底;如果把鸡蛋浸在较浓的盐水里,鸡蛋会浮起来。这说明浮力不但和物体浸在水里的体积有关,还和_____有关。

阿基米德定律:浸入液体中的物体受到一个浮力,其大小等于该物体所排开的液体重量,方向垂直向上。

现在同学们明白了浮沉的秘密,也学会了制作浮沉子,你们是否能够解释伽利略温度计的测温原理呢?

§3.4　温度对浮沉子的影响

§3.3 研究了固体在液体中的浮沉,并没有涉及温度。但是彩球温度计中的彩球浮沉一定和温度有关,否则也谈不上测温。

有一种浮沉子叫做温感浮沉子,它能够根据外界的温度而浮沉。我们接下来观看一个温感浮沉子的演示实验。

 实验探索 ►►

○ ○

温感浮沉子

实验器材

温感浮沉子,大量筒或其他高容器,热水、冷水。

实验步骤

(1) 如图3-11所示,将温感浮沉子放入调配好的温水量筒中,浮沉子恰好沉在水底。

(2) 将冷水倒入量筒,看到浮沉子浮起。

(3) 将热水倒入量筒,看到浮沉子又开始下沉。

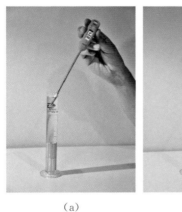

（a）　　　　　　　（b）　　　　　　　（c）

图 3－11　温感浮沉子

实验分析

_____

_____

_____

分析提示

根据阿基米德定律,物体的浮力和_____有关。而液体是会热____
____冷_____的。当液体的温度变化时,液体中的物体排开液体的体积不变,但是排开液体的_____。

提示就到这里,接下来请同学们自己整理温感浮沉子的工作原理。

如果把实验中的温感浮沉子换成玻璃彩球,是不是和我们之前讨论的彩球温度计十分相像? 其实二者的工作原理可谓异曲同工。只不过因为空气温度的变化没有实验中倒入热水和冷水时的温度变化大,因此在彩球温度计的高瓶中因温度变化而影响彩球浮力的液体不是普通的水(普通的水对温度变化较为迟钝,参见表3－1),而是一种对温度变化较为_____的液体。

请准确地讲述彩球温度计的工作原理:

_____

_____

_____

现在同学们已经掌握了彩球温度计的原理,相信大家都会被这些精巧的设计所折服。你能尝试自制彩球温度计吗?

第4章

饮水鸟的秘诀

中国是一个神奇的国度,历史悠久,博大精深。几千年的传承中无不体现出中华民族的伟大与智慧,就连小小的玩具也都那么耐人寻味。图4-1中列出的这几种玩具想必大家都看过或者玩过,是不是觉得它们十分精巧、需要大耗脑力才能解开其中的奥秘? 这些玩具在融汇中国传统文化的同时,极具益智效果,经常玩一玩可以锻炼逻辑、增强智力。

（a）

（b）   （c）

图 4-1　中国传统玩具:七巧板(a)、鲁班锁(b)、华容道(c)

饮水鸟是另一个中国古老的玩具,若要理解它的原理,不仅需要费脑筋,还要有一定的知识储备。

NEW 物理探索　走近力声光电磁

图 4-2　饮水鸟

图 4-2 所示的玩具就是闻名遐迩的饮水鸟。这只小鸟的身世波折离奇,传说它源自中国古人的智慧。中途曾经失传,后来在国外的科普杂志中现身,接下来又消失在茫茫人海,直到本世纪初,才在中国古玩具展览会上让大家看到真身。

大家可能觉得这只小鸟并不起眼,这可是一只让伟大科学家爱因斯坦都觉得惊奇的小鸟。只需要把鸟头沾湿,它就会主动去"喝"前面杯里的水,"喝"饱之后抬起头来,过一会儿又会去"喝"水,如此循环,永不停歇。除了一开始需要将鸟头沾湿以外,不需再去碰它,只是要记住给杯中加水即可。难道这就是传说中的"永动机"吗? 难怪爱因斯坦也会如此惊奇。

我们都知道能量转换和守恒定律,也就是热力学第一定律[①]。根据能量转换和守恒定律,"永动机"是不可能制成的。那些违背热力学第一定律的永动机,也被称为第一类永动机(perpetual motion machine of the first kind)。

这只不停地低头"喝水",抬头,又低头"喝水",又抬头……的小鸟为什么会"永不疲倦"地循环运动呢? 其中究竟有什么奥秘? 学完这一章的内容,大家就会清楚。

§4.1　物态的变化

为了解开饮水鸟的奥秘,先要了解一些相关的知识。

我们先来研究身边的几种物体:书、天然气、冰、牛奶、空气、醋、百叶窗、墨水、水银、行李箱、氧气、盐、玻璃杯……请大家将这几种物体分类,看看不同的物体之间有什么异同。

第 1 类: _____ 、_____ 、_____ ……

第 2 类: _____ 、_____ 、_____ ……

第 3 类: _____ 、_____ 、_____ ……

想必同学们都已经按照自己的想法把这几种物体进行了分类,大家的分类依据是什么呢?

事物的分类方法有很多种,在各种分类法中,有一种是按照物态进行分类的。所谓物态(state of matter),是指物体在一定条件下所处的状态。我们生活中经常遇到的物态有固态(solid state)、液态(liquid)、气态(gas state)3 类。另外,还有一些特殊的物态。例

---

① 热力学第一定律:不同形式的能量可以相互转换,也可以以热量的形式从一个物体传递到另一个物体,但是在转换和传递过程中,能量的总值保持不变。能量不可能平白无故地产生,也不会莫名其妙地消失,所以说不可能制成第一类永动机。

如,制造手机屏幕的液晶,现在材料科学前沿的气凝胶,等等。同学们对这些特殊的物态了解吗? 其实它们已经悄然改变了我们的生活。大家不妨查阅相关资料,了解一些这方面的知识。

思考讨论

（1）物态是物体在一定条件下所处的状态。如果条件改变了,物态会发生变化吗?

（2）物态改变又会引起外界环境什么样的变化呢?

（3）同学们能举出一些生活中常见的物态变化的例子吗?

既然常见物态有固态、液态、气态 3 种,这 3 种物态间是否能如图 4-3 所示可以相互转换呢? 我们逐一来探讨。

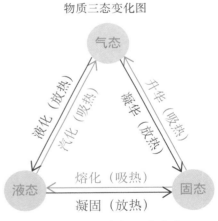

物质三态变化图

图 4-3　固液气三态变化

4.1.1　固态和液态之间的关系

同学们可能读过下面的这句诗:

雪消门外千山绿,花发江边二月晴。

——欧阳修《春日西湖寄谢法曹歌》

思考讨论

大家能找到这一诗句中所包含的物理现象吗?

冰雪消融,春暖花开,反映了冰化成水的过程,即_____态转变为_____态,在物理上被称作熔化。

固态变为液态称为熔化(melting),液态转变为固态称为凝固(solidification)。凝固和熔化又有什么样的特点? 需要外界提供什么样的条件? 我们从下面的实验中来探究一番吧!

实验探索 ►►

冰冻和化冰

实验器材

冰、水,冰格,烧杯,半导体温度计,冰箱。

实验步骤

(1) 在冰格中倒上水,测量水温,确定水温大于0摄氏度。

(2) 测定或了解冰箱中冷冻室温度,确定其小于0摄氏度。

(3) 将装有水的冰格放入冰箱冷冻室,等待其结冰。

(4) 将冰块取出,放入烧杯,在烧杯中插入温度计。

(5) 慢慢往烧杯中倒入水,观察水是否会结成冰,并记录温度,可以发现注入的水温度逐渐降低而趋向_____摄氏度。

(6) 只要水里还有冰,也就是处于冰水混合状态,水的温度保持在_____摄氏度。

(7) 继续加水直至冰全部融化,再加水,观察其温度读数,发现_____
_____。

实验结论

_____

_____

_____

思考讨论

从实验中不难看出,冰和水可以在一定的时间内共存,这种状态叫做冰水混合物。无论是在水结成冰还是在冰化成水的过程中,冰水混合物的温度都维持在_____。

在同一种物质的_____态和_____态的相互转换过程中,_____两态可稳定共存的温度被称为凝固点(solidification point)(对于凝固而言)或熔点(melting point)(对于熔化而言)。

另外,从实验中还可以看出,想要让水结冰,必须提供一个低于_____的环境;相反,想要让冰化成水,则必须提供一个_____的环境。进一步分析这些

实验现象可知,凝固过程中提供一个低温的环境是为了_____

_____,也就是说,液体凝固的过程需要_____;相反,在熔化过程中提供一个

高温环境,是为了_____,也就是说,固体熔化过程需要

_____。

4.1.2 气态和液态之间的关系

我们刚刚研究过水在固、液两态之间转变的过程,接下来来探讨气、液两态间的转化有什么规律可循。

在研究固、液两态转变时,我们曾经引用了两句诗。此时此刻,还有一句大家所熟知的"日照香炉生紫烟",这就是李白《望庐山瀑布》里的名句(图4-4)[①]。大家能全面地描述这句诗中的物理过程吗?

我们还是通过一组实验来探究气、液转化的现象。

图4-4 庐山紫烟

实验探索 ▶▶

实验1 烧开水

在家长的帮助下,用小锅在炉上烧水。一边烧,一边用半导体温度计测量水的温度。当水沸腾时,继续加热,注意水的温度是否会不断上升。

实验2 酒精蒸发

将酒精涂在手背上,蒸发(evaporation)时的感受如何?

实验3 酒精蒸发凝结水

在大碗口蒙上一块铝箔,上面浇上一层酒精。酒精蒸发时观察铝箔下是否出现什么现象。

---

① 来源:ABC教育资源网,http://www.abcjiaoyu.com/ziyuan/2920.html。

思考讨论

仿照对固、液两态之间转变的总结,来分析总结气、液两态之间转变的物理规律。

（1）水烧开的过程称为沸腾。从实验 1 可知,在水沸腾的过程中,温度长时间维持在_____,这一温度被称为沸点。

想要让水沸腾,必须提供一个高于_____的环境,这说明水的沸腾是一个需要_____的过程。

（2）从实验 2 可知,酒精虽然没有被加热烧开,但同样由_____转变为_____,这一过程被称为蒸发。从手背的感觉可以得知,蒸发需要_____,这一点与沸腾相同。

请说出蒸发与沸腾的异同点:_____

_____

_____。

虽然形式不同,但沸腾和蒸发一样,都是物质由_____转变为_____。这些过程总体上被称作汽化（vaporization）。

（3）再来看实验 3,蒸发酒精的金属板背面竟形成一层薄薄的水雾,这是水由_____转化为_____的过程。物理上被称作液化（liquidation）。蒸发是一个_____的过程,因此,可以推测与之相对的液化必然是一个_____的过程。

4.1.3　固态和气态之间的关系

北方有雾的清晨有可能会出现雾凇,那"忽如一夜春风来,千树万树梨花开"的景象令人陶醉。图 4-5 所示就是雾凇的景象[1],雾凇是怎么形成的呢?

（a）

（b）

图 4-5　雾凇

_____
[1] 图片来源:吉林雾凇冰雪节介绍,https://m.tianqi.com/news/20631.html。

南方雨水丰沛,环境潮湿,人们会将防霉片放到衣橱或抽屉,用来祛除霉变。时间一长,防霉片就会明显"瘦身",甚至消失。它们又去了哪里呢?

其实,雾凇的形成是水由气态直接变成固态,这个过程称为凝华(desublimation);而防霉片的消失,则是因为它由固态直接变成气态,这个过程被称为升华(sublimation)。

思考讨论

（1）升华和凝华的过程中,热量是怎样变化的? 是否有特定的变化温度呢?

（2）如果结合气体和液体、液体和固体之间物态的相互转变规律,你能分析出其中的规律吗?

在这一节中,我们认识了物态之间的变化,也知道了物态变化时会吸热或放热。除此之外,物态变化还和什么条件有关呢?

同学们还记得我们研究物态变化的初衷是为了研究饮水鸟吗? 要启动饮水鸟饮水的过程,需要将饮水鸟的头部沾湿。头部的水分要蒸发就会吸热,使得饮水鸟头部的温度变低。这是揭开饮水鸟奥秘的重要一环,但只知道这些还远远不够,我们将继续更深入的探讨。

§4.2　饱和蒸汽压

小小的饮水鸟真是不简单,要想揭开它的神秘面纱,我们还要学习不少东西。我们就来了解关于饱和蒸气压的知识,这还要从再熟悉不过的天气预报说起。

如图4-6所示,这是一幅天气预报的截图,其中有一项预报数据是空气的相对湿度

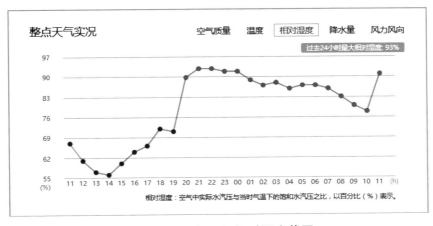

图 4-6　天气预报相对湿度截图

(relative humidity)。大家都有体会,空气湿度太小,会让人体表感觉很干燥;空气湿度太大,会让人觉得很闷。

思考讨论

为什么空气湿度太小,会让人体表感觉很干燥;而空气湿度太大,会让人觉得很闷?

关于空气湿度,有绝对湿度(absolute humidity)和相对湿度两个概念。

绝对湿度是指单位容积的空气中含有的水汽质量,可以用克每立方米(g/m³)做单位。空气中水汽的含量是不可能无限增大的,也就是说,如果达到了最大值——饱和湿度(saturated humidity),即使房间里放上很多盆水,或者往空气中喷水,也不可能增加空气中的水汽含量。此时,往空气中蒸发的水和空气中凝结为水滴的水汽会达到一个动态平衡。饱和湿度对应的水汽压称为饱和水汽压,或者称饱和蒸气压(saturated vapor pressure)。

图 4-7 温湿度计

其他各种气体在一定的温度范围内,气态和液态都是可以共存的,也可能出现处于饱和蒸气压的状态。

相对湿度是指湿空气的绝对湿度与相同温度下可能达到的最大绝对湿度的百分比,也就是空气中水汽压与饱和水汽压的百分比。图4-7的温湿度计中,上面显示的是温度,下面显示的是相对湿度。

绝大多数气体分子我们看不见摸不着,观察它们的数量是否达到极限十分困难。我们用盐的溶解来举例,帮助大家理解饱和的概念。实际上,物质的汽化和盐的溶解都是有上限的,达到这个上限时,虽然汽化和液化过程仍在进行,但二者动态平衡,气体分子数量不会增多。处于这个状态的气体称为饱和蒸气,此时的气压叫做饱和蒸气压。

实验探索 ▶▶

饱和盐溶液

实验器材

盐、水,烧杯,量筒,天平,玻璃棒,酒精灯,石棉网,三脚架。

实验步骤

（1）如图4-8所示，搭建好实验体系。

（2）在烧杯中注入200毫升水。

（3）向水中每次加入10克盐，不停搅拌使其溶解。再加，再搅拌。

（4）直至盐再也无法溶解时（即盐溶液饱和时），记录放入的盐的质量。

（5）给烧杯加热，看看盐水温度升高后，溶液中没有溶解的盐是否变少，是否还可以继续加盐溶解。

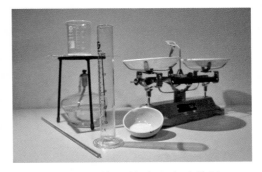

图4-8 饱和盐溶液实验装置

实验现象

（1）盐无法溶解时，_____。

（2）加热后，_____。

实验结论

饱和盐溶液中盐的含量与温度有关，温度越高，水中可溶解的盐越_____。饱和盐溶液的饱和度随温度的升高而_____。

在一个密闭空间里，气体饱和蒸气压的大小除了与气体本身的性质相关，还受哪些因素影响呢？

思考讨论

饱和蒸气压和温度有很大的关系。温度越_____，饱和蒸气压越_____；温度降低，饱和蒸气压_____。

§4.3 毛细现象

前面已经学习了物态变化知识，知道液体蒸发要吸热，还学习了饱和蒸气压知识，知道温度降低，饱和蒸气压会下降。我们已经掌握解开饮水鸟奥秘的"两把钥匙"。这一节我们还将学习新的内容，最终揭开饮水鸟神秘的面纱。

这个新的内容就是毛细现象(capillarity)。什么是毛细现象呢？先来看下面的实验。

实验**探**索 ▶▶

○ ○

毛细现象

实验器材

烧杯,不同粗细的玻璃管,棉线,纸,水。

实验步骤

(1) 按要求在烧杯中注入水。

(2) 将不同粗细的玻璃管以及棉线、纸插入水中。

(3) 观察管中液面的形状和高度并记录。

_____

_____

_____

(4) 观察到_____。

实验结果

_____

_____

_____

这些液体沿着极细的管道,以及棉线和纸中的细小缝隙通道_____的现象称为毛细现象,这样的细管道称为毛细管。

思考讨论

(1) 在特别细的管子中,液体的液面呈_____状。这是为什么呢？

(2) 毛细管为什么会把水提升了呢？这涉及浸润(infiltration)和不浸润(non-infiltration)问题。

浸润和不浸润

实验器材

玻璃片、石蜡片，干净瓷盆、油腻瓷盆，水，大烧杯，手机，直尺，量角器。

实验步骤

（1）往烧杯中注入 1/2 的水。

（2）将玻璃片、石蜡片、干净瓷盆和油腻瓷盆分别向水中插入一半，观察水和插入物的分界线：

_____

（3）再提出来，观察表面水的分布：

_____

（4）将玻璃片和石蜡片擦干、平放，并在上面各滴一滴水，观察到的现象：

_____

图 4-9　接触角

（5）从侧面拍摄上述水滴的图像，在图片上测量水滴和玻璃片、石蜡片表面的夹角——接触角（contact angle），如图 4-9 所示。

实验结果

_____

_____

_____

从上面的实验可以看到，当水遇到不同的固体界面时，会得到不同的效果。水会留在玻璃面上，感觉就像把玻璃润湿了，这种现象在物理学上称为浸润。相反，水无法把石蜡润湿，这样的现象称作不浸润。

液体与固体界面之间的夹角，称为接触角，也叫浸润角。接触角为 180° 时为完全不浸润，即平面上的液滴为球状，如图 4-10 中荷叶上几乎是圆球状的小水珠；浸润角为 0° 时为完全浸润，此时平面上的液滴完全平摊在平面上。

实验中大家测量过水滴在玻璃上面的接触角是

图 4-10　浸润和不浸润现象

_____；在石蜡上的接触角是_____。我们来总结一下：在浸润的情况下，液滴与固体界面的接触角_____；在不浸润的情况下，液滴与固体界面的接触角_____。

当液体处于与其相浸润的容器之中时，例如，水在玻璃容器内，由于接触角_____，会在接触面附近形成内凹的曲面，当玻璃容器的内径较小时，整个液面都会连成一个整体的凹面。这个凹面说明器壁对液体施加的向上拉力_____液体本身的内聚力，使得液面上升，这就是大家看到的毛细现象。反之，当液体处于与其不浸润的容器之中时，会发生相反的现象，液面下降。

思考讨论

为什么细管子有毛细现象，而粗管子没有？

不知道大家注意到没有，日常生活中有很多毛细现象存在。例如，一条毛巾，即使不将它全部浸入水中，它也可以将水吸得饱饱的；一棵大树，能长到数十米高，它从土壤中吸取的养分是怎么被运送到树冠上的呢？这些都是毛细现象所产生的结果。

大家还能举出哪些和毛细现象有关的例子？让我们一起来探讨这些毛细现象是如何发挥作用的？意义在哪里？请大家畅所欲言！

实验探索 ▶▶

回家做一个小实验。如图 4 - 11 所示，两张餐巾纸如此放在碗中，其中一端都浸在水中，另一端都垂在碗的外面。观察垂在外面的两张纸的纸端有什么不同。

将实验现象拍成视频进行交流，并分析原因。

图 4 - 11 毛细现象实验

§4.4 揭秘饮水鸟

经过前面的学习，我们已经掌握开启饮水鸟秘密大门的"三把钥匙"，分别是蒸发吸热,温度降低会使饱和蒸气压降低以及毛细现象。

接下来我们就来用这三把钥匙打开饮水鸟奥秘的大门。

首先,请大家仔细观察饮水鸟的运动,从将饮水鸟头部沾湿开始,在纸上将其饮水过程中的每一个变化都记录下来:逐一画成图,并配上文字。

请大家相互讨论,看看自己的观察是否仔细,是否将全过程都记录下来。注意不要丢掉任何一个细节,它可能就是揭秘的关键步骤。

如果大家对过程讨论完毕并达成一致,就可以一步步分析全过程中饮水鸟的状态变化和背后的原理。别担心,关键性的钥匙大家都已经拿在手中。

当然,可能还有一些小问题,例如,

饮水鸟体内的液体究竟是什么?

体内的液体需要满足什么样的条件?

希望大家能开动脑筋,相信大家一定能将这个连爱因斯坦都觉得神奇的玩具弄明白。一起加油吧!